石油化工安装工程技能操作人员技术问答丛书

金属结构制作工

丛 书 主 编　吴忠宪
本 册 主 编　亢万忠
本册执行主编　刘小平

中国石化出版社

图书在版编目（CIP）数据

金属结构制作工/ 亢万忠主编. —北京：中国石
化出版社，2018.1
（石油化工安装工程技能操作人员技术问答丛书）
ISBN 978 - 7 - 5114 - 4747 - 0

Ⅰ.①金… Ⅱ.①亢… Ⅲ.①油田工厂-金属结构-
结构构件-制作 Ⅳ.①TE68

中国版本图书馆 CIP 数据核字（2017）第 294085 号

中国石化出版社出版发行
地址:北京市朝阳区吉市口路9号
邮编:100020　电话:(010)59964500
发行部电话:(010)59964526
http://www.sinopec-press.com
E-mail:press@sinopec.com
北京科信印刷有限公司印刷
全国各地新华书店经销
*
880×1230 毫米 32 开本 14.125 印张 317 千字
2018 年 8 月第 1 版　2018 年 8 月第 1 次印刷
定价:58.00 元

序 一

《石油化工安装工程技能操作人员技术问答丛书》（以下简称《丛书》）就要正式出版了，这是继《设计常见问题手册》出版后炼化工程在"三基"工作方面完成的又一项重要工作。

《丛书》图文并茂，采用问答的形式对工程建设过程的工序和技术要求进行了诠释，充分体现了实用性、准确性和先进性的结合，对安装工程技能操作人员学习掌握基础理论、增强安全质量意识、提高操作技能、解决实际问题、全面提高施工安装的水平和工程建设降本增效一定会发挥重要的作用。

我相信，这套《丛书》一定会成为行业培训的优秀教材并运用到工程建设的实践，同时得到广大读者的认可和喜爱。在《丛书》出版之际，谨向《丛书》作者和专家同志们表示衷心的感谢！

中国石油化工集团公司副总经理
中石化炼化工程（集团）股份有限公司董事长

2018 年 5 月 16 日

序　二

　　近年来，随着石油化工行业的高速发展，工程建设的项目管理理念、方法日趋完善；装备机械化、管理信息化程度快速提升；新工艺、新技术、新材料不断得到应用；为工程建设的安全、质量和降本增效提供了保障。基于石油化工安装工程是一个劳动密集型行业，劳动力资源正处在向社会化过渡阶段，工程建设行业面临系统内的员工教培体系弱化，社会培训体系尚未完全建立，急需解决普及、持续提高参与工程建设者的基础知识、基本技能的问题。为此，我们组织编制了《石油化工安装工程技能操作人员技术问答丛书》（以下简称《丛书》），旨在满足行业内初、中级工系统学习和提高操作技能的需求。

　　《丛书》包括专业施工操作技能和施工技术质量两个方面的内容，将如何解决施工过程中出现的"低老坏"质量问题作为重点。操作技能方面内容编制组织技师群体参与，技术质量方面内容主要由技术质量人员完成，涵盖最新技术规范规程、标准图集、施工手册的相关要求。

　　《丛书》从策划到出版，近两年的时间，百余位有着较深理论水平和现场丰富经验的专家做出了极大努力，查阅大量资料，克服各种困难，伏案整理写作，反复修改文稿，终成这套《丛书》，集公司专家最佳工作实践之大成。通过《丛书》的使用提高技能，更好地完成工作，是对他们最好的感谢。

　　在《丛书》出版之际，我代表编委会向参编的各位专家、向所有为《丛书》提供相关资料和支持的单位和同志们表示衷心的感谢！

中石化炼化工程（集团）股份有限公司副总经理

《丛书》编委会主任

2018 年 5 月 16 日

前　　言

石油化工生产过程具有"高温高压、易燃易爆、有毒有害"的特点，要实现"安、稳、长、满、优"运行，确保安装工程的施工质量是重要前提。"施工的质量就是用户的安全"应成为石油化工安装工程遵循的基本理念。

"工欲善其事，必先利其器"。要提高石油化工安装工程质量，首先要提高安装工程技能操作人员队伍的素质。当前，面临分包工程比重日益上升的现状，为数众多的初、中级工的培训迫在眉睫，而国内现有出版的石油化工安装工人培训书籍或者侧重于理论知识，或者侧重于技师等较高技能工人群体，尚未见到系统性的、主要针对初、中级工的专业培训书籍。为此，中石化炼化工程（集团）股份有限公司策划和组织专家编写了《石油化工安装工程技能操作人员技术问答丛书》，希望通过本丛书的学习和应用，能推动石油化工安装技能操作人员素质的提升，从而提高施工质量和效率，降低安全风险和成本，造福于海内外石油化工施工企业、石化用户和社会。

丛书遵循与现行国家标准规范协调一致、实用、先进的原则，以施工现场的经验为基础，突出实际操作技能，适当结合理论知识的学习，采用技术问答的形式，将施工现场的"低老坏"质量问题如何解决作为重点内容，同时提出专业施工的 HSSE 要求，适用于石油化工安装工程技能操作人员，尤其是初、中级工学习使用，也可作为施工技术人员进行技术培训所用。

丛书分为九卷，涵盖了石油化工安装工程管工、金属结构制作工、电焊工、钳工、电气安装工、仪表安装工、起重工、油漆工、保温工等九个主要工种。每个工种的内容根据各自工种特点，均包括以下四个部分：

第一篇，基础知识。包括专业术语、识图、工机具等概念，强调该工种应掌握的基础知识。

第二篇，基本技能。按专业施工工序及作业类型展开，强调该工种实际的工作操作要点。

第三篇，质量控制。尽量采用图文并茂形式，列举该工种常见的质量问题，强调问题的状况描述、成因分析和整改措施。

第四篇，安全知识。强调专业施工安全要求及与该工种相关的通用安全要求。

《石油化工安装工程技能操作人员技术问答丛书》由中石化炼化工程（集团）股份有限公司牵头组织，《管工》和《金属结构制作工》由中石化宁波工程有限公司编写，《电气安装工》由中石化南京工程有限公司编写，《仪表安装工》《保温工》和《油漆工》由中石化第四建设有限公司编写，《钳工》由中石化第五建设有限公司编写，《起重工》和《电焊工》由中石化第十建设有限公司编写，中国石化出版社对本丛书的编辑和出版工作给予了大力支持和指导，在此谨表谢意。

石油化工安装工程涉及面广，技术性强，由于我们水平和经验有限，书中难免存在疏漏和不妥之处，热忱希望广大读者提出宝贵意见。

丛书主编 吴忠亮

2018 年 5 月 16 日

《石油化工安装工程技能操作人员技术问答丛书》
编 委 会

刘小平　中石化宁波工程有限公司 高级工程师

李永红　中石化宁波工程有限公司副总工程师兼技术部主任 教授级高级工程师

宋纯民　中石化第十建设有限公司技术质量部副部长 高级工程师

肖珍平　中石化宁波工程有限公司副总经理 教授级高级工程师

张永明　中石化第五建设有限公司技术部副主任 高级工程师

张宝杰　中石化第四建设有限公司副总经理 教授级高级工程师

杨新和　中石化第四建设有限公司技术部副主任 高级工程师

赵喜平　中石化第十建设有限公司副总工程师兼技术质量部部长 教授级高级工程师

南亚林　中石化第五建设有限公司总工程师 高级工程师

高宏岩　中石化炼化工程（集团）股份有限公司 高级工程师

董克学　中石化第十建设有限公司副总经理 教授级高级工程师

《石油化工安装工程技能操作人员技术问答丛书》

主　　编：吴忠宪　中石化第十建设有限公司党委书记兼副总经理 教授级高级工程师

副　主　编：刘小平　中石化宁波工程有限公司 高级工程师

孙桂宏　中石化南京工程有限公司技术部副主任 高级工程师

杨新和　中石化第四建设有限公司技术部副主任 高级工程师

王永红　中石化第五建设有限公司技术部主任 高级工程师

赵喜平　中石化第十建设有限公司副总工程师兼技术质量部部长 教授级高级工程师

高宏岩　中石化炼化工程（集团）股份有限公司高级工程师

《金属结构制作工》分册编写组

主　　编：亢万忠　中石化宁波工程有限公司副总经理 教授级高级工程师

执 行 主 编：刘小平　中石化宁波工程有限公司 高级工程师

副 主 编：杨伟林　中石化宁波工程有限公司 高级工程师
　　　　　杨开宇　中石化宁波工程有限公司 高级工程师

编 写 人 员：沈祝扬　中石化宁波工程有限公司 工程师
　　　　　林新涛　中石化宁波工程有限公司 工程师
　　　　　邱小锋　中石化宁波工程有限公司 工程师
　　　　　施星光　中石化宁波工程有限公司 工程师
　　　　　李占九　中石化宁波工程有限公司 工程师
　　　　　薛井平　中石化宁波工程有限公司 工程师
　　　　　宋　玉　中石化宁波工程有限公司 工程师
　　　　　田瑞光　中石化宁波工程有限公司 高级工程师
　　　　　顾志平　中石化宁波工程有限公司 高级工程师
　　　　　白　洋　中石化宁波工程有限公司 工程师
　　　　　周水苗　中石化宁波工程有限公司 工程师
　　　　　张　孟　中石化宁波工程有限公司 工程师
　　　　　叶　松　中石化宁波工程有限公司 技师
　　　　　张　岩　中石化宁波工程有限公司 工程师
　　　　　林　群　中石化宁波工程有限公司 技师

目　　录

第一篇　基础知识

第二篇　基本技能

第三篇　质量控制

第四篇　安全知识

第一篇　基础知识

第一章　专业术语

1. 什么是排料(排样)?

排料是指在原材料(板材、条状材料)上合理安排每个坯件下料位置的过程。

2. 什么是画线?

画线是指在毛坯或者工件上,用画线工具画待加工部位的轮廓线或作为基准的点、线。

3. 什么是打样冲眼?

打样冲眼是指画线完成后,在中心线或者辅助线上用样冲打出冲点。

4. 什么是放样?

放样是指根据构件图样,用1:1的比例(或者一定的比例)在放样台(或平台、纸)上画出其所需图形的过程。

5. 什么是展开?

展开是指将构件的各个外表面依次摊开在一个平面的过程。

6. 什么是号料?

号料是指根据图样,或者用样板、样杆等直接在材料上画出构件形状和加工界线的过程。

7. 什么是切割？

切割是指把板材或者型材等切成所需形状和尺寸的坯料或工件的过程。

8. 什么是剪切？

剪切是指通过两剪刃的对夹，如剪板机、剪刀等切断材料的加工方法。

9. 什么是锯削？

锯削是指用锯对材料或工件进行断开或开槽等的加工方法。

10. 什么是去毛刺？

去毛刺是指清除工件已加工部位周围所形成的刺状物或飞边。

11. 什么是倒钝锐边？

倒钝锐边是指除去工件上的尖锐棱角的过程。

12. 什么是除锈？

除锈是指将工件表面上的锈蚀除去的过程。

13. 什么是清洗？

清洗是指用清洗剂清除产品或工件上的油污、灰尘等脏物的过程。

14. 什么是弯形？

弯形是指将坯料弯成所需形状的方法。

15. 什么是压弯？

压弯是指用模具或压弯设备将坯料弯成所需形状的方法。

16. 什么是滚弯？

滚弯是指用滚板机等设备将坯料弯曲成形的方法。

17. 什么是热弯？

热弯是指将坯料在热状态下弯曲成形的方法。

18. 什么是弯管？

弯管是指将管材弯曲成形的方法。

19. 什么是热成形？

热成形是指将坯料或工件在热状态下成形的方法。

20. 什么是胀接？

胀接是指利用管子和管板变形来达到紧固和密封连接的方法。

21. 什么是拼接？

拼接是指将坯料以小拼整的方法。

22. 什么是矫直？

矫直是指消除材料或工件弯曲的加工方法。

23. 什么是校平？

校平是指消除板材或平板制件的翘曲、局部凹凸不平的加工方法。

24. 什么是钢结构？

钢结构是指用钢板和热扎、冷弯或焊接型材通过连接件连接而成的能承受和传递荷载的结构形式。

25. 什么是碳素结构钢？

碳素结构钢主要保证力学性能，故其牌号体现其力学性能，用 Q + 数字表示，其中"Q"为屈服点"屈"字的汉语拼音字首，数字表示屈服点数值，例如 Q235 表示屈服点为 235 MPa。牌号后面标注字母 A、B、C、D，则表示钢材质量等级不同，其含 S、P 的量依次逐步降低，钢材质量则依次提高。在牌号后面标注字母"F"则为沸腾钢，标注"B"为半镇静钢，不标注"F"或"B"则为镇静钢。例如：Q235AF 表示屈服点为 235MPa 的 A 级沸腾钢，Q235C 表示屈服点为 235MPa 的 C 级镇静钢。碳素结构钢一般情况下都不经热处理，而在供应状态下直接使用。

26. 什么是低合金高强度结构钢？

低合金高强度结构钢采用与碳素结构钢相同的牌号表示方法，仍然根据钢材厚度（直径）＜16mm 时的屈服点大小，分为 Q295、Q345、Q390、Q420、Q460。钢的质量等级有 A、B、C、D、E 五个等级，E 级要求 –40℃ 的冲击韧性。低合金高强度结构钢一般为镇静钢，钢的牌号中不注明脱氧方法。

27. 什么是高强螺栓？

高强螺栓就是高强度的螺栓，属于一种标准件，它的螺杆、螺帽和垫圈采用高强度材料制作，如常用 45#钢、40 硼钢、20 锰钛硼钢等，而普通螺栓常用 Q235 钢制造。高强螺栓常用 8.8 和 10.9 两个强度等级，其中 10.9 级居多。一般情况下，高强度螺栓可承受的载荷比同规格的普通螺栓要大。高强螺栓主要应用在钢结构工程上。高强螺栓的一个非常重要的特点就是限单次使用，一般用于永久连接，严禁重复使用。

28. 什么是大六角高强螺栓？

大六角高强螺栓属于普通螺栓的高强度级，是高强螺栓的一种，大六角头部是六角形的。大六角高强螺栓由一个螺栓、一个螺母、两个垫圈组成，使用扭矩扳手安装。

29. 什么是扭剪型高强螺栓？

扭剪型高强螺栓是大六角高强螺栓的改进型，为了更好施工，扭剪型头部是半圆形的，而且螺栓尾部还有一个梅花头。它由一个螺栓、一个螺母、一个垫圈组成。扭剪型高强螺栓在安装过程中通过尾部的梅花头控制，利用扭矩的反力将螺栓逆向旋紧，直到螺栓的直齿状尾端破断为止。

30. 什么是高强度螺栓连接副？

高强度螺栓连接副是指高强度螺栓和与之配套的螺母、垫圈的总称。

31. 什么是抗滑移系数？

抗滑移系数是指高强度螺栓连接中，使连接件摩擦面产生滑动时的外力与垂直于摩擦面的高强度螺栓预拉力之和的比值。

32. 什么是劳动保护？

劳动保护是指石油化工生产装置中为保证操作、检修人员安全作业而设置的梯子、平台、栏杆的总称。

33. 什么是静设备？

静设备是石油化工生产装置、辅助设施和公用工程中正常操作没有运动部件的独立设备，如反应设备、分离设备、换热设备、储存设备，分为压力容器和非压力容器两类。包括本体及本体与外接管道连接的第一道环向焊缝的焊接坡口、螺纹连接的第一个螺纹接头、法兰连接的第一个法兰连接面及开孔的封闭元件、紧固件及补强元件等。

34. 什么是容器？

石油化工生产过程用来储存物料，实现气相、液相、固相等相分离的设备统称为容器类设备，时常简称为容器。容器一般是由筒体、封头及其他零部件（如法兰、支座、接管、人孔、手孔、视镜、液面计）组成的。根据不同的用途、构造材料、制造方法、形状、受力情况、装配方式、安装位置、器壁厚薄而有各种不同的分类方法。其主要的分类有下面几种：

（1）根据形状分类：可将容器分为圆筒形、球形、矩形容器；

（2）根据承压情况分类：可将容器分为受内压容器与受外压容器；

（3）根据容器壁厚分类：可将容器分为薄壁容器与厚壁容器；

（4）根据材料分类：可将容器分为钢制、铸铁制、铝制、石墨制、塑料制容器等；

（5）根据用途分类：可将容器分为反应容器、传热容器、分离容器和储运容器等。

35. 什么是压力容器？

压力容器一般是指在工业生产中用来完成反应、传热、传质、分离、储存等工艺过程，并承受 0.1MPa 表压以上压力的密闭容器。

《特种设备安全监察条例》中明确指出压力容器的定义为：

压力容器，是指盛装气体或者液体，承载一定压力的密闭设备，其范围规定为最高工作压力大于或者等于 0.1MPa（表压），且压力与容积的乘积大于或者等于 2.5MPa·L 的气体、液化气体和最高工作温度高于或者等于标准沸点的液体的固定式容器和移动式容器。盛装公称工作压力大于或者等于 0.2MPa（表压），且压力与容积的乘积大于或者等于 1.0MPa·L 的气体、液化气体和标准沸点等于或者低于 60℃ 液体的气瓶、氧舱等。

36. 什么是冷换设备？

冷换设备是指以冷热量传递为目的而降低或提升不同物料温度的设备，其主要作用是维持或改变物料的工作温度和相态，满足工艺操作要求，提高过程能量利用。

37. 什么是管壳式换热器？

管壳式换热器由壳体、传热管束、管板、折流板（挡板）和管箱等部件组成。壳体多为圆筒形，内部装有管束，管束两端固定在管板上。进行换热的冷热两种流体，一种在管内流动，称为管程流体；另一种在管外流动，称为壳程流体。为提高管外流体的传热分系数，通常在壳体内安装若干挡板。挡板可提高壳程流体速度，迫使流体按规定路径多次横向通过管束，增强流体湍流程度。

38. 什么是空冷式换热器？

空冷式换热器简称空冷器，是一种以环境空气作为冷却介质，风机强制空气横掠翅片管外，使管内高温流体得到冷却或冷凝的换热设备。空冷器单元由翅片管束、风机、框架三个基本部分和百叶窗、检修平台、梯子等辅助部分组成。

39. 什么是塔器？

塔器为圆筒形焊接结构的工艺设备，由筒体、封头（或称盖头）和支座组成。它是专门为某种生产工艺要求而设计、制造的非标准设备。塔是用于蒸馏、提纯、吸收、精馏等化工单元操作的直立设备，广泛用于气－液与液－液相之间传质、传热。按塔内件结构分类，塔可分为板式塔和填料塔。塔器大多数属于压力容器。

40. 什么是板式塔？

板式塔是指用于气－液或液－液系统的分级接触传质塔器设备，由圆筒形塔体和按一定间距水平装置在塔内的若干塔板组成。板式塔广泛应用于精馏和吸收，有些类型（如筛板塔）也用于萃取，还可作为反应器用于气－液相反应过程。操作时（以气－液系统为例），液体在重力作用下，自上而下依次流过各层塔板，至塔底排出。气体在压力差推动下，自下而上依次穿过各层塔板，至塔顶排出。每块塔板上保持着一定深度的液层，气体通过塔板分散到液层中去，进行相际接触传质。

41. 什么是填料塔？

填料塔是塔器设备的一种。塔内填充适当高度的填料，以增加两种流体间的接触表面。例如应用于气体吸收时，液体由塔的上部通过分布器进入，沿填料表面下降；气体则由塔的下部通过填料孔隙逆流而上，与液体密切接触而相互作用。

42. 什么是塔内件？

塔内件主要包括液体分布器、填料紧固装置（填料塔）、填料支撑装置（填料塔）、集液箱（板式塔）、塔板支撑装置（板式塔）、液体再分布器及进出料装置、气体进料及分布装置及除沫器等。

43. 什么是垫铁？

垫铁常用普通碳素钢板切割加工而成。按垫铁的形状，可分为平垫铁和斜垫铁，斜垫铁必须成对使用，平垫铁或斜垫铁的尺寸可以根据设备的重量选取。放垫铁的主要目的是：通过调整垫铁的厚度，使安装的设备达到设计标高和水平度；增加设备的稳定以便于二次灌浆。

44. 什么是储罐？

储罐是指用以存放油、酸、醇、水等化学物质的储存设备。常用的钢制储罐种类有拱顶储罐、内浮盘拱顶储罐、浮顶储罐、球罐等。

45. 什么是浮顶？

浮顶是指是漂浮在储罐液面上随油品或其他介质上下升降的

浮动顶盖。浮顶上无盖的是外浮顶，有盖的为内浮顶。

46. 什么是固定顶？

储罐的顶部结构与罐体采用焊接方式连接，顶部固定，称为固定顶。它分成拱顶和锥顶，拱顶外形为球面，锥顶外形为圆锥形。

47. 什么是储罐大角缝？

储罐大角缝是指边缘板与第一圈壁板之间的角焊缝，如图1-1-1所示。

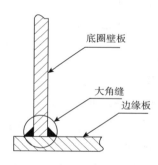

图 1-1-1　大角缝示意图

48. 什么是龟甲缝？

龟甲缝是指边缘板与中幅板之间的组对焊缝。

49. 什么是储罐环缝？

储罐环缝是指储罐壁板与壁板之间的长边组对焊缝。

50. 什么是储罐纵缝？

储罐纵缝是指储罐壁板与壁板之间的短边组对焊缝。

51. 什么是储罐中的收缩缝？

储罐中的收缩缝是指除边缘300mm以外的边缘板对接缝。

52. 什么是单盘？

单盘是指单层浮顶结构，仅浮顶边缘设有浮舱。

53. 什么是双盘？

双盘是指双层浮顶板和桁架组成的浮顶结构。

54. 什么是储罐正装法？

储罐正装法是指壁板的施工工序从第一节壁板开始，逐级自下而上安装。

55. 什么是储罐倒装法？

储罐倒装法是指壁板的施工工序从顶节壁板开始，逐级自上而下安装。

56. 什么是气柜？

气柜是指用于储存各种工业气体，同时也用于平衡气体需用量的一种缓冲容器设备，可以分为低压气柜和高压气柜两大类，前者又有湿式与干式两种结构。湿式气柜是最常见的一种气柜，通常用于煤气储存，它由水封槽和钟罩两部分组成，钟罩是没有底的可以上下活动的圆筒形容器，如果储气量大时，钟罩可以由单层改成多层套筒式，各节之间以水封环形槽密封。干式气柜是内部设有活塞的圆筒形或多边形立式气柜，活塞直径约等于外筒内径，其间隙靠稀油或干油气密填封，随储气量增减，活塞上下移动。

57. 什么是加热炉？

加热炉是石油化工生产装置的重要设备之一，它是利用燃料在炉膛内燃烧产生高温火焰与烟气作为热源，来加热炉管中流动的物料，使其达到工艺操作规定的温度，以保证生产的正常进行。石油化工生产装置中的加热炉一般为管式加热炉。目前加热炉的分类在国内外尚无统一的划分方法，习惯上最常用的有两种，一种是从炉子的外形来分，另一种是从工艺用途来分。

（1）按外形大致上可分为两类：方箱型加热炉、圆筒型加热炉；

（2）按用途管式加热炉大致分为以下几类：炉管内进行化学反应的炉子、加热液体的炉子、加热气体的炉子和加热气、液混相流体的炉子；

（3）管式炉中的加热炉、重整四合一炉、制氢转化炉、乙烯裂解炉一般为方箱型。

58. 什么是辐射室 (辐射段)？

辐射室是加热炉的主要热交换场所，作为加热炉的最重要部位，承担着全炉 70% ~ 80% 的热负荷。辐射室外部结构为钢结构，一般由钢柱、钢梁、钢板等组成外部结构，炉墙内带有衬里结构，辐射室内的炉管通过火焰或高温烟气进行传热，以辐射热为主，故称之为辐射炉管。辐射炉管直接受火焰辐射冲刷，温度高，其材料要具有足够的高温强度和高温化学稳定性。

59. 什么是对流室 (对流段)？

加热炉的对流室外部结构为钢结构，一般由钢柱、钢梁、钢板等组成外部结构，炉墙内带有衬里结构。对流室是靠辐射室排出的高温烟气进行对流传热来加热物料。烟气以较高的速度冲刷炉管管壁，进行有效的对流传热，其热负荷约占全炉的 20% ~ 30%。对流室一般布置在辐射室之上或其侧面。为了提高传热效果，炉管多采用钉头管或翅片管，当然也有采用光管的。

60. 什么是炉体钢结构？

炉体钢结构主要包括炉底钢结构、辐射室钢结构、炉顶钢结构、对流室钢结构、对流室弯头箱、烟囱、梯子平台等。钢结构的作用：一是支撑和包容所有加热和受热以及监测的设施；二是支撑炉衬，作为衬里的骨架；三是起一些辅助和附加作用。

61. 什么是炉膛与炉墙？

炉膛是由炉墙、炉顶和炉底围成的空间，是对物质进行加热的地方。炉膛四壁即为炉墙，炉墙结构主要有耐火砖结构、衬里结构和耐火纤维结构。

62. 什么是余热回收系统？

余热回收系统用以回收加热炉排烟余热的设备及其设施。一般依靠预热燃烧空气或产生蒸汽回收热量，前者称为空气预热方式，后者通常用水回收称为废热锅炉方式。

63. 什么是空气预热器？

空气预热器是指加热炉烟道中的烟气通过内部的散热片将进入炉前的空气预热到一定温度的传热设备。用于提高炉子的热交换性能，降低能量消耗。

64. 什么是烟风道？

烟风道是指烟气、空气流经的通道。

65. 什么是燃烧器？

燃烧器的作用是完成燃料的燃烧，为加热炉提供热量。燃烧器一般由燃料喷嘴、配风器、燃烧道三部分组成。燃烧器按所用燃料的不同可分为燃油燃烧器、燃气燃烧器和油－气联合燃烧器。

66. 什么是炉管？

炉管是布置在炉膛中用于将燃烧热传递到目的物料的金属管。按受热方式不同可分为辐射炉管和对流炉管，前者设置于辐射室内，后者设置于对流室内。为强化传热，对流管往往采用翅片管或钉头管。

67. 什么是吊钩、拉钩、管架？

吊钩、拉钩一般用于靠墙布置的炉管，吊钩在上部吊在盘管的弯头上，而拉钩位于炉管的中下部，起牵拉作用，使炉管在热作用下不至于发生较大的位置偏离。管架一般用于受双面辐射的卧管辐射管的支撑，有上吊式和下支撑式两种形式。

68. 什么是导向管？

导向管是指限制垂直炉管的水平位移，允许炉管轴向位移的构件。

69. 什么是看火门？

看火门是指观看炉膛内火嘴、火焰的构件。此外，还用来观看辐射管、底排遮蔽管的受热状况、管壁被氧化的情况、炉管的弯曲程度等。

70. 什么是防爆门？

防爆门是指负压自重式防爆门，平时靠自重关闭，当炉内压力增高时，防爆门即被打开。

71. 什么是液压试验？

液压试验是指设备制成或检修之后，为检查设备是否有渗漏或异常变形，以发现设备制造或检修中的潜在缺陷，考核设备的宏观强度，保证在设计压力下安全运行所必须的承载能力，而进行的以液体（一般为水）为介质的压力试验。

72. 什么是气压试验？

气压试验是将设备制成或检修之后，为检查设备是否有渗漏或异常变形，以发现设备制造或检修中的潜在缺陷，考核设备的宏观强度，保证在设计压力下安全运行所必须的承载能力，而进行的以气体(空气、氮气或其他惰性气体)为介质的压力试验。气压试验只在不适合作液压试验的设备中采用，如设备内不允许有微量残留液体，或由于结构原因不能充满液体的设备。

73. 什么是催化两器？

催化两器是指是催化装置中的两台关键设备：反应沉降器和再生器。

第二章　识　图

1. 三视图的定义是什么？

三视图是观测者从上面、左面、正面三个不同角度观察同一个空间几何体而画出的图形。

将人的视线规定为平行投影线，然后正对着物体看过去，将所见物体的轮廓用正投影法绘制出来的图形称为视图。一个物体有六个视图：从物体的前面向后面投射所得的视图称主视图（正视图）——能反映物体的前面形状；从物体的上面向下面投射所得的视图称俯视图——能反映物体的上面形状；从物体的左面向右面投射所得的视图称左视图（侧视图）——能反映物体的左面形状；其他三个视图不是很常用。三视图就是主视图（正视图）、俯视图、左视图（侧视图）的总称。

2. 三投影面体系是指什么？

我们设立三个互相垂直的平面，叫做三投影面。这三个平面将空间分为八个部分，每一部分叫做一个分角，分别称为Ⅰ分角，Ⅱ分角，…，Ⅷ分角，如图1-2-1所示，我们把这个体系叫做三投影面体系。

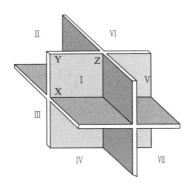

图 1-2-1　三投影面体系示意图

　　我国国家标准规定"采用第一角投影法"。如图 1-2-2 所示是第一分角的三投影面体系。我们对体系采用以下的名称和标记：正对着我们的正立投影面称为正面，用 V 标记(也称 V 面)；水平位置的投影面称为水平面，用 H 标记(也称 H 面)；右边的侧立投影面称为侧面，用 W 标记(也称 W 面)；投影面与投影面的交线称为投影轴，分别以 OX、OY、OZ 标记；三根投影轴的交点 O 叫原点。

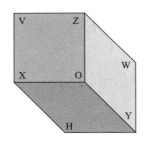

图 1-2-2　第一分角的三投影面体系示意图

3. 三视图是如何形成的？

　　首先将形体放置在 V、H、W 三投影面体系中，然后分别向三个投影面作正投影，如图 1-2-3 所示。形体在三投影面体系中的摆放位置应注意以下两点：

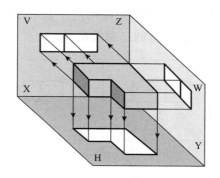

图1-2-3 形体投影示意图

（1）应使形体的多数表面（或主要表面）平行或垂直于投影面（即形体正放）；

（2）形体在三投影面体系中的位置一经选定，在投影过程中是不能移动或变更的，直到所有投影都进行完毕。这样规定的目的主要是为了绘图读图方便和研究问题方便。

在三个投影面上作出形体的投影后，为了作图和表示的方便，将空间三个投影面展开摊平在一个平面上，其规定展开方法如图1-2-4所示。

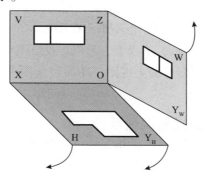

图1-2-4 形体投影展开示意图

V 面保持不动，将 H 面和 W 面按图中箭头所指方向分别绕 OX 和 OZ 轴旋转，使 H 面和 W 面均与 V 面处于同一平面内，即得如图 1-2-5 所示的形体的三面投影图。

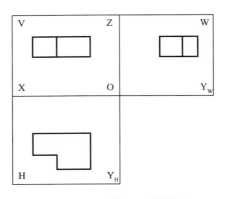

图 1-2-5　形体三面投影图

从上述三面投影图的形成过程可知，各面投影图的形状和大小均与投影面的大小无关。另外，我们可以想象，如果形体上、下、前、后、左、右平行移动，该形体的三面投影图仅在投影面上的位置有所变化，而其形状和大小是不会发生变化的，即三面投影图的形状和大小与形体和投影面的距离也即与投影轴的距离无关。因此，在画三面投影图时，一般不画出投影面的大小（即不画出投影面的边框线），也不画出投影轴。

如图 1-2-5 所示，工程上，习惯将投影图称为视图，国家标准规定：V 面投影图称为主视图；H 面投影图称为俯视图；W 面投影图称为左视图。

4. 三视图的投影规则是什么？

主视图和俯视图的长要相等、主视图和左视图的高要相等、左视图和俯视图的宽要相等，即"主俯长对正、主左高平齐、俯左宽相等"。

5. 石油化工设备图样有哪些特点？

石油化工企业的设备多属于圆筒形压力容器、常压容器和球形容器。这些容器的零部件装配方式除焊接连接外，就是可拆卸性的螺栓连接。所用材料也多采用钢板、钢管、型钢或其他标准件。因此在图样上便有如下特点：

（1）总图上不仅有符合机械制图要求的各种视图，而且还给出了设备设计的有关参数。

（2）在主视图上，开口接管一般分别列在器壁两旁，且只表明其相互间的高度关系。因此开口的具体定位不仅要看主视图，而且还要看开口方位图（或者叫管口方位图）。开口（工艺开口、检修开口、测量开口）的数量、直径、规格、外伸长度及焊接形式等均在总图的上方，设计参数下方的开口一般在说明表中列出。

（3）在技术要求上，不仅有制造及验收应遵循的法规和标准、热处理要求、总装质量标准，而且有焊缝探伤比例及评定标准、内部零部件安装质量要求、材料标准以及表面防腐涂装要求等。

（4）图面除技术要求外，一般还附加说明。其中主要是对零部件安装、总装程序、焊接形式、防火结构、对制造厂的要求以及安装说明等。

（5）三视图出现在同一图纸上的图样较少见，大多数情况下只有两个视图，除主视图外，其中立式设备再画一俯视图，卧式设备画一左视图，除两视图外，还多以全剖视图、局部剖视图、旋转剖视图、阶梯剖视图或取节点视图等方式来着重表明主视图尚未表达清楚的零部件。

6. 什么是标题栏？

标题栏也叫图签，每张图纸上都有标题栏，包含有单位名称、图纸名称、设计人员签名栏、出图时间等信息，如图1-2-6所示。

（单位名称）					（工程名称）		
职责	签字	日期			设计项目		
设计			（图名）		设计阶段		
检阅							
校核					（图号）		
审核							
年限			比例		第　张		共　张

图1-2-6　标题栏

7. 什么是明细栏?

明细栏包含序号、代号、名称、数量、材料、单件重量、总计重量、备注等信息，如图1-2-7所示。

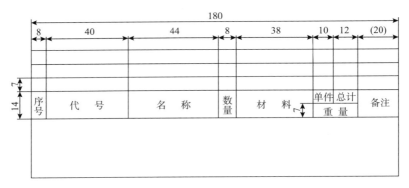

序号	代　　号	名　　称	数量	材　料	单件重量	总计重量	备注

图1-2-7　明细栏

8. 什么是比例?

图中图形与其实物相应要素的线性尺寸之比，称为比例。要素是指相关的点、线、面的本身尺寸或它们的相对距离。比值为1的比例称为原值比例，比值大于1的比例称为放大比例，比值小于1的比例称为缩小比例。

9. 常用图线线型有哪几种？

常用图线线型主要有以下几种：

细实线：_____

波浪线：～～～～～

双折线：～／＼／～

粗实线：▬▬▬▬▬▬

细虚线：－ － － －

粗虚线：▬ ▬ ▬ ▬ ▬

细点画线：— · — · —

粗点画线：▬ · ▬ · ▬ · ▬ · ▬ · ▬

细双点画线：_____

10. 常用图线线型及一般应用是什么？

根据机械制图国家标准 GB 4457.4《图线》的规定，机械图样上图线的形式及在图样中的一般应用见表 1-2-1。

表 1-2-1　图线应用表

代　码	线　型	一般应用
01.1	细实线	1. 过渡线
		2. 尺寸线
		3. 尺寸界线
		4. 指引线和基准线
		5. 剖面线
		6. 重合断面的轮廓线
		7. 短中心线
		8. 螺纹牙底线
		9. 尺寸线的起止线
		10. 表示平面的对角线

续表

代　码	线　型	一般应用
01.1	细实线	11. 零件成形前的弯折线
		12. 范围线及分界线
		13. 重复要素表示线，如齿轮的齿根线
		14. 锥形结构的基面位置线
		15. 叠片结构位置线，如变压器叠钢片
		16. 辅助线
		17. 不连续同一表面连线
		18. 成规律分布的相同要素连线
		19. 投影线
		20. 网格线
	波浪线	21. 断裂处边界线。视图与剖视图的分界线
	双折线	22. 断裂处分界线。视图与剖视图的分界线
01.2	粗实线	1. 可见棱边线
		2. 可见轮廓线
		3. 相贯线
		4. 螺纹牙顶线
		5. 螺纹长度终止线
		6. 齿顶圆线
		7. 表格线、流程图中的主要表示线
		8. 系统结构线（金属结构工程）
		9. 模样分型线
		10. 剖切分型线
02.1	细虚线	1. 不可见棱边线
		2. 不可见轮廓线

续表

代 码	线 型	一般应用
02.2	粗虚线	1. 允许表面处理的表示线
04.1	细点画线	1. 轴线
		2. 对称中心线
		3. 分度圆
		4. 孔系分布的中心线
		5. 剖切线
04.2	粗点画线	1. 限定范围表示线
05.1	细双点画线	1. 相邻辅助零件的轮廓线
		2. 可动零件的极限位置的轮廓线
		3. 重心线
		4. 成形前轮廓线
		5. 剖切面前的结构轮廓线
		6. 轨迹线
		7. 毛坯图中制成品的轮廓线
		8. 特定区域线
		9. 延伸公差带表示线
		10. 工艺用结构的轮廓线
		11. 中断线

11. 通用剖面线的表示方法是什么？

在剖视图及断面图中，当不需要在剖面区域中表示材料的类别时，可采用通用剖面线来表示。剖面线应以与主要轮廓呈适当角度，并按 GB/T 4457.4 所指定的细实线绘制。最好是采用与主要轮廓或剖面区域的对称呈 45°角的细实线绘制，如图 1-2-8 所示。

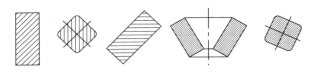

图 1-2-8　通用剖面线画法示意图

12. 如何识别尺寸标注？

尺寸标注主要由尺寸界线、尺寸线及数字体现。

（1）尺寸界线　尺寸界线用细实线绘制，并由图形的轮廓线、对称中心线、轴线等处引出，如图 1-2-9 所示。也可以利用轮廓线、对称中心线、轴线作为尺寸界线。尺寸界线一般与尺寸线垂直，必要时才允许与尺寸线倾斜，如图 1-2-10 所示。此时在光滑过渡处标注尺寸，需用细实线将轮廓线延长，从它们的交点处引出尺寸界线。

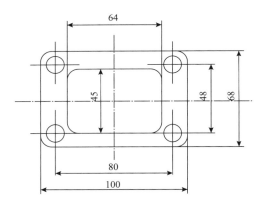

图 1-2-9　尺寸界线画法示意图

（2）尺寸线　尺寸线用细实线绘制，尺寸线的终端可以有箭头或 45°细斜线两种形式，尺寸线的终端箭头画法如图 1-2-11 所示。只有当尺寸线和尺寸界线是互相垂直的两条直线时，尺寸线的终端才能采用细斜线形式，如图 1-2-12 所示。

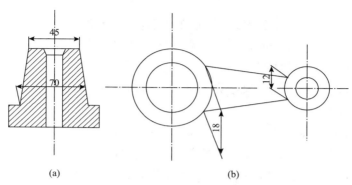

(a)   (b)

图 1-2-10 尺寸界线特殊画法示意图

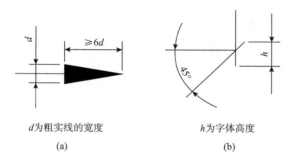

d 为粗实线的宽度 h 为字体高度

(a)   (b)

图 1-2-11 尺寸线的终端箭头画法示意图

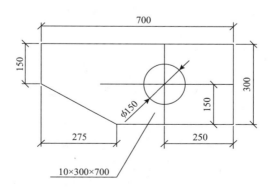

图 1-2-12 尺寸线的终端细斜线画法示意图

13. 尺寸标注中的其他特殊情况应该如何画？

（1）为了统一而且不致引起误解，细斜线终端应以尺寸线为准逆时针方向旋转45°。

（2）当尺寸线和尺寸界线互相垂直时，同一张图中只能采用尺寸线终端形式。

（3）机械图样中一般采用箭头作为尺寸线的终端。

（4）在圆或圆弧上标注直径或半径，以及标注角度尺寸时都不适合采用细斜线形式的尺寸线终端，而应画成箭头，如图1-2-13所示。

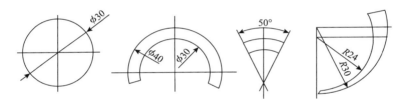

图1-2-13　圆或圆弧尺寸线画法示意图

（5）若圆弧半径过大，无法标出其圆心位置时，应按图1-2-14（a）所示的形式标注；不需要标出圆心位置时，可按图1-2-14（b）所示的形式标注。

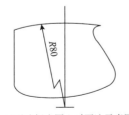

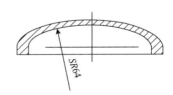

(a)无法标出圆心时画法示意图　　(b)不需要标出圆心时画法示意图

图1-2-14　大圆弧尺寸线画法示意图

（6）对称机械的图形只画出一半或略大于一半时，尺寸线应略超过对称中心线或断裂处的边界，这时只在尺寸线的一端画出箭头，如图1-2-15所示。

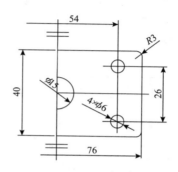

图1-2-15 对称图形尺寸画法示意图

（7）当尺寸较小没有足够的位置画箭头时，允许用圆点或细斜线代替箭头，如图1-2-16所示。

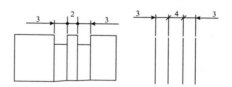

图1-2-16 小尺寸线画法示意图

（8）在圆的直径或圆弧半径较小，没有足够的位置画箭头或注写数字时，可采用如图1-2-17所示的形式标注。

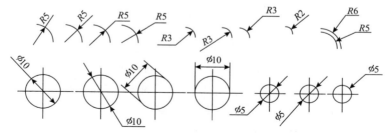

图1-2-17 小圆或小圆弧尺寸线画法示意图

14. 焊缝常用的焊接方法代号是什么?

GB/T 5185《焊接及相关工艺方法代号》规定,用阿拉伯数字代号来表示各种焊接方法,并可在图样上标出。常用焊接方法及代号如表 1-2-2 所示。

表 1-2-2　焊接方法代号表

代号	焊接方法	代号	焊接方法	代号	焊接方法
1	电弧焊	21	点焊	441	爆炸焊
111	焊条电弧焊	3	气焊	52	激光焊
12	埋弧焊	311	氧乙炔焊	72	电渣焊
121	单丝埋弧焊	312	氧丙烷焊	91	硬钎焊
122	带极埋弧焊	4	压力焊	912	火焰硬钎焊
15	等离子弧焊	42	摩擦焊	94	软钎焊

15. 焊缝的图示法有哪几种?

常见的焊缝有对接、T 形接、角接、搭接 4 种,如图 1-2-18 所示。

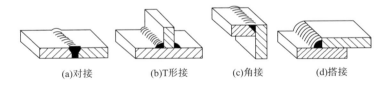

(a)对接　　　　(b)T形接　　　(c)角接　　　(d)搭接

图 1-2-18　焊缝的图示表达法

16. 焊缝的规定画法是什么?

在图纸上,一般按 GB/T 324 规定的焊缝符号表示焊缝。如需在图纸上简易绘制焊缝,可用视图、剖视图或剖面图表示。在剖视图或剖面图上,金属的熔焊区通常用涂黑表示。焊缝的规定画法如图 1-2-19 所示。

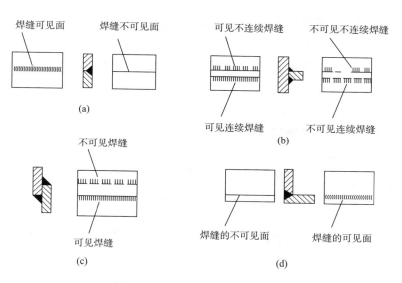

图 1-2-19　焊缝的规定画法图

17. 当焊缝需要详细表达时应如何表示？

当焊缝部位需要详细表达时，用放大图表示，并标注有关尺寸，如图 1-2-20 所示。

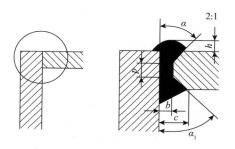

图 1-2-20　焊缝详细表达图

18. 焊缝符号表示法是什么？

当焊缝分布比较简单时，可不必画出焊缝，只在焊缝处标注焊缝代号。为简化图样，不使图样增加过多的注解，有关焊缝的要求一般应采用标准规定的焊缝代号来表示。焊缝代号一般由基本符号与指引线组成。必要时还可以加上辅助符号、补充符号和焊缝尺寸代号。

（1）基本符号　基本符号是表示焊缝横截面形状的符号，它采用近似于焊缝横截面形状的符号来表示，如表 1－2－3 所示（摘自 GB/T 324）。

表 1－2－3　焊缝基本符号表

名称	符号	示意图	图示法	标注法
I 形焊缝	 ‖	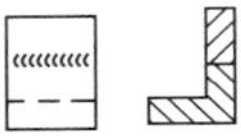	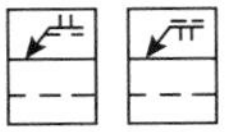	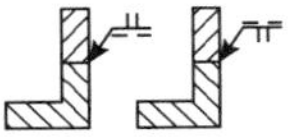
V 形焊缝	 ∨	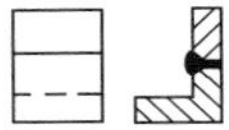	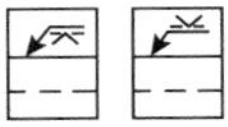	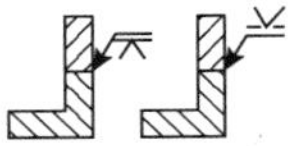
单边 V 形焊缝	 ∨	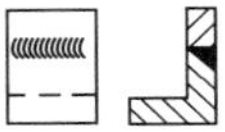	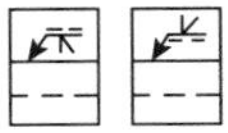	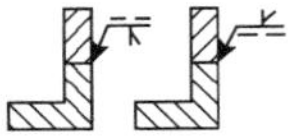
带钝边 V 形焊缝	Y  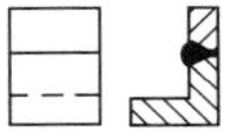  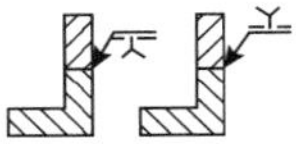			
带钝边单边 V 形焊缝	Y  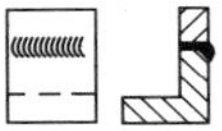 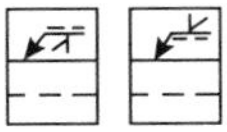 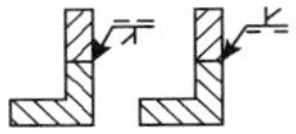			

（2）辅助符号　辅助符号是表示焊缝表面形状特征的符号，如表 1－2－4 所示，不需要确切地说明焊缝表面形状时，可省略此符号。

表 1-2-4　焊缝辅助符号表

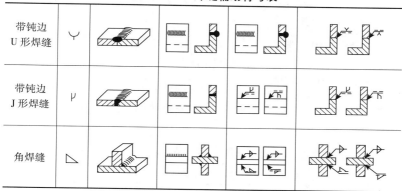

带钝边 U 形焊缝	⋃				
带钝边 J 形焊缝	⊔				
角焊缝	◺				

（3）补充符号　补充符号是为了补充说明焊缝的某些特征而采用的符号，如表 1-2-5 所示。

表 1-2-5　焊缝补充符号表

名称	符号	示意图	标注法	说　明
带垫板 符号	⊏⊐			表示 V 形焊缝的背面底部有垫板
三面焊缝 符号	⊏		111	工件三面带有焊缝，焊接方法为手工电弧焊
周围焊缝 符号	○			表示在现场沿工作周围施焊
现场符号	▶			表示在现场或工地上进行焊接
尾部符号	＜			

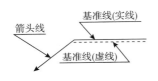

图 1-2-21　指引线

（4）指引线　指引线由带箭头的箭头线和基准线两部分组成，如图 1-2-21 所示。基准线由两条相互平行的细实线和虚线组成。箭头线用细实线绘制，箭头指向有关焊缝处，必要时允许箭头线折弯一次。当需要说明焊接方法时，可在基准线末端增加尾部符号。

（5）焊缝画法及标注综合实例　如表 1-2-6 所示。

表 1-2-6　焊缝画法及标注综合实例表

焊缝画法及焊缝结构	标注格式	标注实例	说　明
			1. 用埋弧焊形成的带钝边 V 形焊缝（表面平齐）在箭头侧，钝边 $P = 2mm$，根部间隙 $b = 2mm$，坡口角度 $\alpha = 60°$ 2. 用手工电弧焊形成的连续、对称角焊缝（表面凸起），焊角尺寸 $K = 3mm$
			表示用埋弧焊形成的带钝边单边 V 形焊缝在箭头侧。钝边 $P = 2mm$，坡口面角度 $\beta = 45°$焊缝是连续的
			表示连续 I 形焊缝在箭头侧。焊缝段数 $n = 4mm$，每段焊缝长度 $l = 6mm$，焊缝间距 $e = 4mm$，焊缝有效厚度 $s = 4mm$
			表示 3 条相同的角焊缝在箭头侧，焊缝长度小于整个工件长度。焊角尺寸 $K = 3mm$，焊缝长度 $l = 250mm$，箭头线允许折一次

（6）焊缝尺寸符号　是用字母代表焊缝的尺寸要求，如图1-2-22所示。焊缝尺寸符号的含义如表1-2-7所示。

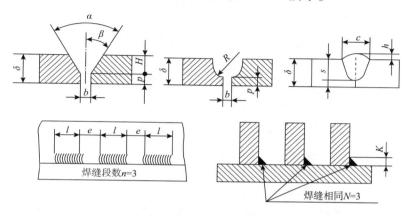

图1-2-22　焊缝尺寸符号图

表1-2-7　焊缝尺寸符号表

符号	名　称	符号	名　称	符号	名　称
δ	工作厚度	R	根部半径	s	焊缝有效厚度
α	坡口角度	K	焊角尺寸	l	焊缝长度
b	根部间隙	H	坡口深度	e	焊缝间距
p	钝边	h	余高	n	焊缝段数
c	焊缝宽度	β	坡口面角度	N	相同焊缝数量

19. 焊缝标注方法是什么？

（1）箭头线与焊缝位置的关系　箭头线相对焊缝的位置一般没有特殊要求，箭头线可以标注在有焊缝一侧，也可以标注在没有焊缝的非箭头侧，如图1-2-23所示，但在标注V形、Y形、J形焊缝时，箭头线应指向带有坡口一侧的工件。

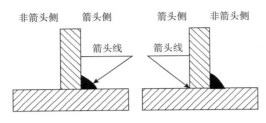

图 1-2-23　箭头线与焊缝位置的关系

（2）基本符号在指引线上的位置　如图 1-2-24 所示。为了在图样上能确切地表示焊缝位置，特将基本符号相对基准线的位置作以下规定：

①若焊缝在接头的箭头侧，则将基本符号标在基准线的实线一侧；

②若焊缝在接头的非箭头侧，则将基本符号标在基准线的虚线一侧；

③标注对称焊缝及双面焊缝时，可不画虚线。

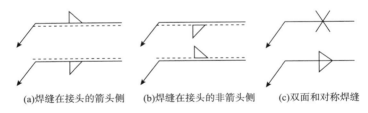

(a)焊缝在接头的箭头侧　　(b)焊缝在接头的非箭头侧　　(c)双面和对称焊缝

图 1-2-24　基本符号在指引线上的位置

（3）焊缝尺寸符号及数据的标注　焊缝尺寸符号及数据的标注原则上如图 1-2-25 所示。

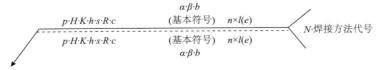

图 1-2-25　焊缝尺寸符号及数据的标注

①焊缝横截面上的尺寸数据标在基本符号的左侧；

②焊缝长度方向的尺寸数据标在基本符号的右侧；

③坡口角度、坡口面角度、根部间隙等尺寸数据标在基本符号的上侧或下侧；

④相同焊缝数量及焊接方法代号标在尾部；

⑤当需要标注的尺寸数据较多又不易分辨时，可在数据前面增加相应的尺寸符号；

⑥焊缝位置的尺寸不在焊缝符号中标出，而是标注在图样上；在基本符号右侧无任何标注又无其他说明时，意味着焊缝在工件的整个长度上是连续的；在基本符号左侧无任何标注又无其他说明时，表示对接焊缝要完全焊透。

第三章　工机具

1. 常用的量具有哪些？

工程常用量具有直尺、卷尺、直角尺、卡钳、游标卡尺、水平尺、测厚仪等。

2. 什么是钢直尺？

钢直尺是最简单的长度量具，它的长度有 150mm、300mm、500mm 和 1000mm 四种规格。钢直尺用于测量零件的长度尺寸，它的测量结果不太准确。这是由于钢直尺的刻线间距为 1mm，而刻线本身的宽度就有 0.1～0.2mm，所以测量时读数误差比较大，只能读出毫米数，即它的最小读数值为 1mm，比 1mm 小的数值，只能估计而得。图 1-3-1 是常用的 300mm 钢直尺。

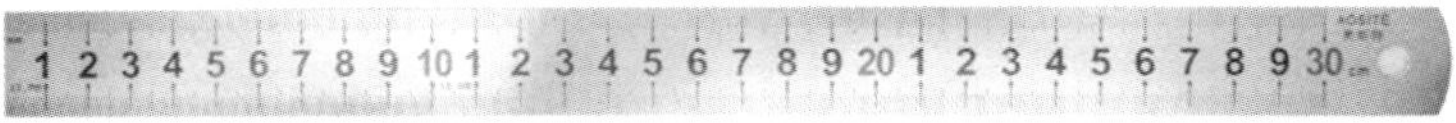

图 1-3-1　300mm 钢直尺

3. 钢直尺的使用方法是什么？

（1）使用前，应先检查该钢板尺是否在受控范围，各工作面和边缘是否被碰伤；将钢板直尺工作面和被检工作面擦净。

（2）使用时，将钢板直尺靠放在被测工件的工作面上注意轻拿、轻靠、轻放，防止变曲变形，不能折，不能作为工具使用。

不允许放在潮湿和有酸类气体的地方，以防锈蚀。

（3）测量时，应以左端的零刻度线为测量基准，这样不仅便于找正测量基准，而且便于读数。尺要放正并贴紧工件，不得前后左右歪斜。否则，从直尺上读出的数据会比被测的实际尺寸大。

（4）直尺的读数分为两部分，一部分为测量值，另一部分为估计值。因为直尺的精确值为1mm，所以直尺的测量值读数为1mm，根据实际测量情况，增加0~1mm的估计值读数，两者之和为最终读数。为求精确测量结果，可将直角尺翻转180°再测量一次，取二次读数算术平均值为其测量结果，可消除角尺本身的偏差。

（5）相同的钢板尺在温差较大的环境下还是会产生较大的长度变化，影响测量结果。所以应避免在温差较大的环境下使用钢直尺。

（6）用钢直尺测圆截面直径时，被测面应平，使尺的左端与被测面的边缘相切，摆动尺子找出最大尺寸，即为所测直径。

（7）钢直尺的另外几种测量方法如图1-3-2所示。

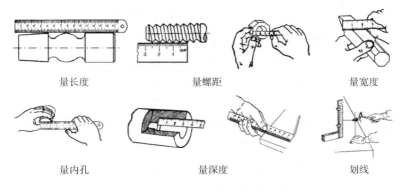

量长度　　　　　　　　量螺距　　　　　　　　量宽度

量内孔　　　　　　　　量深度　　　　　　　　划线

图1-3-2　钢直尺的使用方法示意图

4. 钢直尺如何保养维护?

（1）每次使用完毕后，用干净拭布将直尺外表面擦拭干净；

（2）定期用机油涂抹润湿进行保养，机油用量不宜过多，以润湿为准，存放备用；

（3）钢直尺应存放于平整处，防止挤压使直尺弯曲影响测量。

5. 什么是卷尺?

卷尺是一种可以自由拉伸、收缩的软尺，由布、钢等制成，便于携带，主要用来测量长度。卷尺的结构如图1-3-3所示。

图1-3-3　卷尺

6. 卷尺的各构件名称及主要功能是什么?

卷尺的各构件名称及主要功能见表1-3-1。

表1-3-1　卷尺构件名称及功能表

代号	构件名称	主要功能
1	把爪	测量外部长度时起卡紧作用
2	紧固件	对刻度尺起固定的作用
3	壳体	对刻度尺起保护作用，同时起装饰作用
4	挂件	起防止意外掉落损坏作用
5	刻度尺	起测量物品规格作用

7. 卷尺的使用方法是什么？

（1）用卷尺测量时，将尺钩挂在被测件边缘即可。使用时不要前倾后仰、左右歪斜。如需测量直径但又无法直接测量时，可通过测量圆周长来求得直径。

（2）用钢卷尺测量时，拉力不宜过大。尺的长度是以在20℃、50N拉力标准状况下的测得值为依据。因此使用时的拉力要与检定时的拉力相一致，这样可减小误差。

（3）直接读数法：测量时钢卷尺零刻度对准测量起始点，施以适当拉力，直接读取测量终止点所对应的尺上刻度。

（4）间接读数法：在一些无法直接使用钢卷尺的部位，可以用钢尺或直角尺，使零刻度对准测量点，尺身与测量方向一致。用钢卷尺量取到钢尺或直角尺上某一整刻度的距离，用读数法量出。

8. 卷尺如何维护保养？

（1）钢卷尺的尺带一般镀铬、镍或其他涂料，所以要保持清洁，测量时不要使其与被测表面摩擦，以防划伤。

（2）使用卷尺时，拉出尺带不得用力过猛，而应徐徐拉出，用毕也应让它徐徐退回。对于制动式卷尺，应先按下制动按钮，然后徐徐拉出尺带，用毕后按下制动按钮，尺带自动收卷。尺带只能卷，不能折。

（3）不允许将卷尺放在潮湿和有酸类气体的地方，以防锈蚀。

（4）钢卷尺使用后，要及时把尺身上的灰尘用布擦拭干净。然后用没有使用过的机油润湿，机油用量不宜过多，以润湿为准，存放备用。

9. 什么是皮卷尺？

皮卷尺，别名软尺，长度比钢卷尺长，通常有 10m、15m、

20m、50m 等，如图 1-3-4 所示。

图 1-3-4　皮卷尺

10. 皮卷尺优缺点是什么？

优点：测量时伸缩自如，保存容易。缺点：测量时易弯曲变形影响测量结果，容易热胀冷缩，测量精度不高。

11. 皮卷尺使用时注意事项有哪些？

(1)使用时，拉直，与测量方向平行；

(2)由于卷尺的零线不一致，使用时必须注意卷尺的零点位置；

(3)由于卷尺的零线位置容易被磨损、变形，一般从 1cm 或 10cm 处开始测量。

12. 直角尺的使用方法是什么？

(1)直角尺工作面和被检表面都要清洗擦净。

(2)使用直角尺时，将直角尺靠在被检工件的有关表面上，用光隙法来鉴别被检直角是否正确。检验工件外角时使用直角尺的内工作角，检验工件内角时用直角尺的外工作角。

(3)测量时，要注意直角尺的安放位置，不能歪斜。

（4）使用和安放工作边较长的直角尺时，要注意防止尺身弯曲变形。

（5）如用直角尺检测时能配合用其他量具读数同，则尽可能将直角尺翻转180°再测一次，取前后两次读数的算术平均值作为结果，这样可消除直角尺本身的偏差。

（6）具体使用方法如图1-3-5所示。

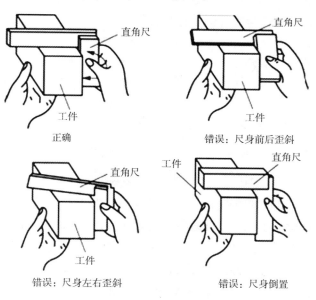

图1-3-5　直角尺使用方法示意图

13. 直角尺的使用维护注意事项有哪些？

（1）按周期检定，获取检验证书；

（2）使用前直角尺和工件必须擦净；

（3）使用直角尺要轻拿轻放，最好佩戴手套；

（4）直角尺不要倒着放；

（5）测量后，应擦净放入专用盒中，置于干燥和温暖的地方，不允许与其他量具堆放在一起。

14. 如何正确使用卡钳?

内外卡钳是最简单的比较量具。外卡钳是用来测量外径和平面的，内卡钳是用来测量内径和凹槽的，如图1-3-6所示。它们本身都不能直接读出测量结果，而是把测得的长度尺寸(直径也属于长度尺寸)，在钢直尺上进行读数，或在钢直尺上先取下所需尺寸，再去检验零件的直径是否符合。

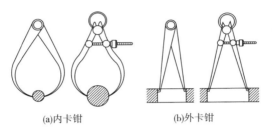

(a)内卡钳　　　　　　　　(b)外卡钳

图1-3-6　卡钳使用方法示意图

(1)卡钳开度的调节　首先检查钳口的形状，钳口形状对测量精确性影响很大，应注意经常修整钳口的形状，如图1-3-7所示。调节卡钳的开度时，应轻轻敲击卡钳脚的两侧面。先用两手把卡钳调整到和工件尺寸相近的开口，然后轻敲卡钳的外侧来减小卡钳的开口，敲击卡钳内侧来增大卡钳的开口。

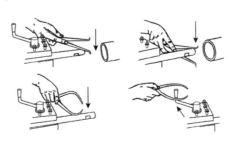

图1-3-7　卡钳的开度调节示意图

（2）外卡钳的使用 外卡钳在钢直尺上取下尺寸时，如图1-3-8(a)所示，一个钳脚的测量面靠在钢直尺的端面上，另一个钳脚的测量面对准所需尺寸刻线的中间，且两个测量面的连线应与钢直尺平行，人的视线要垂直于钢直尺。

用已在钢直尺上取好尺寸的外卡钳去测量外径时，要使两个测量面的连线垂直零件的轴线，靠外卡钳的自重滑过零件外圆时，我们手中的感觉应该是外卡钳与零件外圆正好是点接触，此时外卡钳两个测量面之间的距离，就是被测零件的外径。所以，用外卡钳测量外径，就是比较外卡钳与零件外圆接触的松紧程度，如图1-3-8(b)所示，以卡钳的自重能刚好滑下为合适。如当卡钳滑过外圆时，我们手中没有接触感觉，就说明外卡钳比零件外径尺寸大，如靠外卡钳的自重不能滑过零件外圆，就说明外卡钳比零件外径尺寸小。切不可将卡钳歪斜地放在工件上测量，这样有误差，如图1-3-8(c)所示。由于卡钳有弹性，把外卡钳用力压过外圆是错误的，更不能把卡钳横着卡上去，如图1-3-8(d)所示。对于大尺寸的外卡钳，靠它自重滑过零件外圆的测量压力已经太大了，此时应托住卡钳进行测量，如图1-3-8(e)所示。

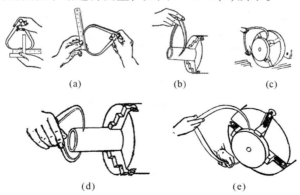

(a)　　　　　　　(b)　　　　　　　(c)

(d)　　　　　　　　　(e)

图1-3-8 外卡钳在钢直尺上取尺寸和测量方法示意图

（3）内卡钳的使用　用内卡钳测量内径时，应使两个钳脚的测量面的连线正好垂直相交于内孔的轴线，即钳脚的两个测量面应是内孔直径的两端点。因此，测量时应将下面的钳脚的测量面停在孔壁上作为支点，如图1-3-9（a）所示，上面的钳脚由孔口略往里面一些逐渐向外试探，并沿孔壁圆周方向摆动，当沿孔壁圆周方向能摆动的距离为最小时，则表示内卡钳脚的两个测量面已处于内孔直径的两端点了。再将卡钳由外至里慢慢移动，可检验孔的圆度公差，如图1-3-9（b）所示。

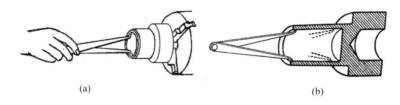

(a)　　　　　　　　　　　　　　　(b)

图1-3-9　内卡钳测量方法示意图

用已在钢直尺上或在外卡钳上取好尺寸的内卡钳去测量内径，如图1-3-10（a）所示，就是比较内卡钳在零件孔内的松紧程度。如内卡钳在孔内有较大的自由摆动时，就表示卡钳尺寸比孔径小了；如内卡钳放不进，或放进孔内后紧得不能自由摆动，就表示内卡钳尺寸比孔径大了；如内卡钳放入孔内，按照上述的测量方法能有1～2mm的自由摆动距离，这时孔径与内卡钳尺寸正好相等。测量时不要用手抓住卡钳测量，如图1-3-10（b）所示，这样手感就没有了，难以比较内卡钳在零件孔内的松紧程度，并使卡钳变形而产生测量误差。

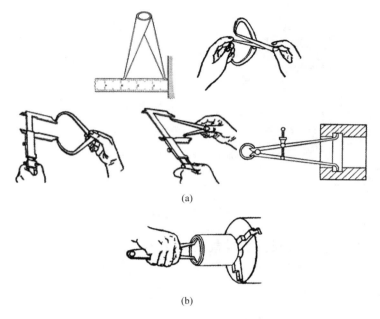

(a)

(b)

图1-3-10 卡钳取尺寸和测量方法

15. 什么是游标卡尺?

游标卡尺是一种常用的量具,如图1-3-11所示,它具有结构简单、使用方便、精度中等和测量的尺寸范围大等特点,可以用它来测量零件的外径、内径、长度、宽度、厚度、深度和孔距等,应用范围很广。它的各部件名称及使用功能如图1-3-12所示。

图1-3-11 游标卡尺

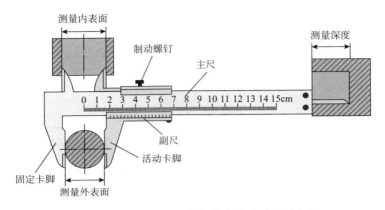

图 1-3-12　游标卡尺各部件名称及功能示意图

16. 游标卡尺主要功能是什么?

(1)测量外径　如图 1-3-13 所示,圈框内部分,钳住物品,得出测量数据。

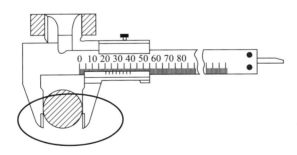

图 1-3-13　测量外径示意图

(2)测量内径　如图 1-3-14 所示,圈框内部分,在物品内径部分,两端张开,撑住物品,得出测量数据。

(3)测量深度　如图 1-3-15 所示,圈框内部分,探入后,固定标尺,得出测量数据。

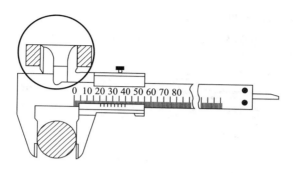

图 1-3-14 测量内径示意图

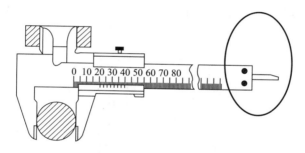

图 1-3-15 测量深度示意图

17. 游标卡尺使用时有哪些注意事项?

(1)测量前应把卡尺擦干净,检查卡尺的两个测量面和测量刃口是否平直无损,把两个量爪紧密贴合时,应无明显的间隙,同时游标和主尺的零位刻线要相互对准。这个过程称为校对游标卡尺的零位。

(2)移动尺框时,活动要自如,不应有过松或过紧,更不能有晃动现象。用固定螺钉固定尺框时,卡尺的读数不应有所改变。在移动尺框时,不要忘记松开固定螺钉,亦不宜过松以免掉了。

（3）当测量零件的外尺寸时，卡尺两测量面的连线应垂直于被测量表面，不能歪斜，如图1-3-16所示。

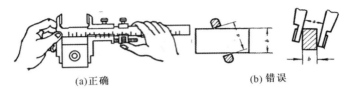

(a)正确　　　　　　　　　　(b)错误

图1-3-16　游标卡尺测量零件外尺寸示意图

（4）测量沟槽时，应当用量爪的平面测量刃进行测量，尽量避免用端部测量刃和刀口形量爪去测量外尺寸，如图1-3-17所示。

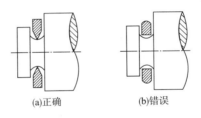

(a)正确　　　　　　　(b)错误

图1-3-17　游标卡尺测量沟槽示意图

（5）测量沟槽宽度时，也要放正游标卡尺的位置，应使卡尺两测量刃的连线垂直于沟槽，不能歪斜，如图1-3-18所示。

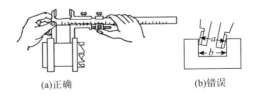

(a)正确　　　　　　　(b)错误

图1-3-18　游标卡尺测量沟槽宽度示意图

（6）当测量零件的内尺寸时，卡尺两测量刃应在孔的直径上，不能偏歪。如图1-3-19所示。

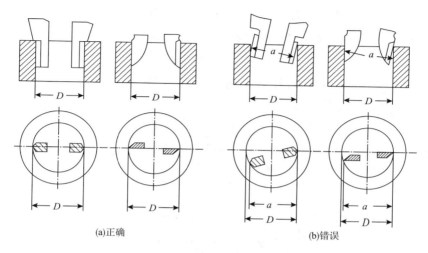

(a)正确   (b)错误

图1-3-19   游标卡尺测量零件内尺寸示意图

（7）用游标卡尺测量零件时，不允许过分地施加压力，所用压力应使两个量爪刚好接触零件表面。如果测量压力过大，不但会使量爪弯曲或磨损，且量爪在压力作用下产生弹性变形，使测量得的尺寸不准确（外尺寸小于实际尺寸，内尺寸大于实际尺寸）。在游标卡尺上读数时，应把卡尺水平地拿着，朝着亮光的方向，使人的视线尽可能和卡尺的刻线表面垂直，以免由于视线的歪斜造成读数误差。

（8）为了获得正确的测量结果，可以多测量几次，即在零件的同一截面上的不同方向进行测量。对于较长零件，则应当在全长的各个部位进行测量，务使获得一个比较正确的测量结果。

18. 游标卡尺如何进行读数？

游标卡尺是利用主尺刻度间距与副尺刻度间距读数的。以0.02mm游标卡尺为例，主尺的刻度间距为1mm，当两卡脚合并时，主尺上49mm刚好等于副尺上50格，副尺每格长为0.98mm。

主尺与副尺的刻度间相关为 1 − 0.98 = 0.02mm，因此它的测量精度为 0.02mm（副尺上直接用数字刻出），如图 1 − 3 − 20 所示。

图 1 − 3 − 20　游标卡尺读数示意图 1

无论测量方法如何，数据都体现在标尺上。下面我们以图 1 − 3 − 21 测量内径的图示为例进行说明。

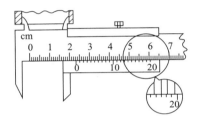

图 1 − 3 − 21　游标卡尺读数示意图 2

（1）首先，看副尺"0"的位置，它决定了头两个数位。图中 0 在 2.3cm 的后面，即为测量物体的内径为 2.3 × × cm，如图 1 − 3 − 22 所示。

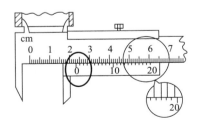

图 1 − 3 − 22　游标卡尺读数示意图 3

（2）然后观察副尺分度（精确度），就是有多少个格。图中为 20 分度，即精确度为 0.05mm（每分度的单位 = 1mm/分度），如

图 1-3-23 所示。

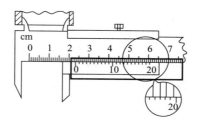

图 1-3-23　游标卡尺读数示意图 4

（3）然后看副尺和主尺完全重合的数位，看矩形线框内，重合部分与 2 差 3 格，即重合处为 17。每单位为 0.05mm，得出最后的数位为 0.85mm（0.085cm），如图 1-3-24 所示。

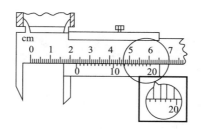

图 1-3-24　游标卡尺读数示意图 5

（4）最后测量出目标的内径为 2.385cm。

19. 游标卡尺如何进行维护保养？

（1）游标卡尺是比较精密的测量工具，要轻拿轻放，不得碰撞或跌落地下。使用时不要用来测量粗糙的物体，以免损坏量爪，不用时应置于干燥地方防止锈蚀。

（2）不允许把卡尺的两个测量爪当做螺钉扳手用，或把测量爪的尖端用作划线工具、圆规等。移动卡尺的尺框和微动装置时，不要忘记松开紧固螺钉。但也不要松得过量，以免螺钉脱落丢失。

（3）游标卡尺用完后，仔细擦净，抹上防护油，平放在盒内，以防生锈或弯曲。

20. 如何正确使用水平尺？

（1）在使用水平尺之前，我们首先要检查它的可用性，看看水平尺表面是否有裂纹、气孔等缺陷，水准器中的液体是否清洁透明等。在确定水平尺完好可用后，我们就要对它进行校准。校准水平尺的方法十分简单：将水平尺放平靠在墙上，沿着尺的边缘在墙上画一根线，再把水平尺左右两头互换，放到原来画好的线上，如果尺与线重合后，水平尺的水准管里的水还是平的，则说明水平尺是准确的，反之就需要校正了。水平尺如图 1-3-25 所示。

图 1-3-25　水平尺

（2）水平尺一般都有三个玻璃管，每个玻璃管中都有一个气泡。将水平尺放在被测量的物体上，水平尺的气泡偏向哪一边，则表示那一边偏高，就需要降低该侧的高度，或调高相反侧的高度；若气泡居于中心，则表示被测物体在该方向是水平的了。水平尺中横向的玻璃管是用来测量水平面的，竖向的玻璃管是用来测量垂直面的，另一个则是用来测量45°角的，三个气泡都是用来检查测量面是否水平的，气泡居中则水平，反之则不水平。另外，根据两条交叉线确定一个平面的原理，需要在同一平面内两个不平行的位置测量才能确定平面的水平。

（3）水平尺十分容易保管，悬挂在某处或是平放在桌面、抽屉都可以，而不会因长期平放影响其直线度和平行度。若是铝镁轻型的水平尺，还有不易生锈的特点。使用期间，水平尺不用涂油，若长期不使用，存放时轻轻地涂上薄薄的一层一般工业油即可。

21. 如何正确使用线锤？

（1）使用前准备：

①确认试拉铅垂查看磁力线坠各部件是否能正常运行；

②确认磁力线坠坠线完好无破损。

（2）操作步骤：

①将磁力线锤固定在工件最高端，拉下铅锤，若是铁制工件设备磁力线锤可直接吸附在上面，若是非金属或不锈钢设备需要用手固定；

②利用钢直尺或钢卷尺测量磁力线锤的线与被测物体之间的间距，至少测量上中下三点的距离，取最大值为判定标准；

③测量完成后小心收回线坠，放置好；

④测量过程如图1-3-26所示。

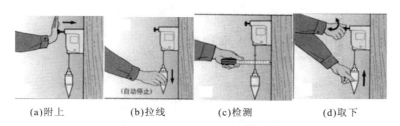

(a)附上　　　　(b)拉线　　　　(c)检测　　　　(d)取下

图1-3-26　线坠测量过程示意图

（3）注意事项：

①保持磁力线坠清洁度，不得沾有腐蚀性的物质；

②不得用力乱拉乱扯铅锤；

③不得用铅锤去敲击其他物体。

22. 如何正确使用水平管?

水管弯曲成 U 形,里面灌上水,两边液面的高度相同,则测量两端水平,使用时注意以下几点:

(1)水管内不得有气泡;

(2)测量时不得踩踏水平管;

(3)测量时,一端先放到要测量的其中一个基准点,另一端调整到另一个测量基准点,观察液面情况,如图 1-3-27 所示。

图 1-3-27　水平管测量使用示意图

23. 如何正确使用水准仪?

(1)水准仪如图 1-3-28 所示。

图 1-3-28　水准仪

（2）操作要点：

①摆开三脚架，从仪器箱取出水准仪安放在三脚架上，利用三个机座螺丝调平，使圆气泡居中，跟着调平管水准器；

②水平制动手轮是调平的，在水平镜内通过三角棱镜反射，水平重合，就是平水；

③将望远镜对准未知点 1 上的塔尺，再次调平管水平器重合，读出塔尺的读数（后视），把望远镜旋转到对准未知点 2 的塔尺，调整管水平器，读出塔尺的读数（前视），记到记录本上；

④计算公式：两点高差 = 后视 – 前视。

（3）校正方法：

①将仪器摆在两固定点中间，标出两点的水平线，称为 a、b 线，移动仪器到固定点一端，标出两点的水平线，称为 a′、b′线；

②计算如果 $a - b \neq a' - b'$ 时，将望远镜横丝对准偏差一半的数值。用校针将水准仪的上下螺钉调整，使管水平泡吻合为止；

③重复以上做法，直到相等为止。

（4）水准仪的使用包括水准仪的安置、粗平、瞄准、精平、读数五个步骤；

①安置　将仪器安装在可以伸缩的三脚架上并置于两观测点之间。首先打开三脚架并使高度适中，用目估法使架头大致水平并检查脚架是否牢固，然后打开仪器箱，用连接螺旋将水准仪器连接在三脚架上。

②粗平　使仪器的视线粗略水平，利用脚螺旋置圆水准气泡居于圆指标圈之中。具体方法用仪器练习。在整平过程中，气泡移动的方向与大姆指运动的方向一致。

③瞄准　用望远镜准确地瞄准目标。首先是把望远镜对向远处明亮的背景，转动目镜调焦螺旋，使十字丝最清晰。再松开固定螺旋，旋转望远镜，使照门和准星的连接对准水准尺，拧紧固

定螺旋。最后转动物镜对光螺旋，使水准尺的像清晰地落在十字丝平面上，再转动微动螺旋，使水准尺的像靠于十字竖丝的一侧。

④精平　使望远镜的视线精确水平。微倾水准仪，在水准管上部装有一组棱镜，可将水准管气泡两端折射到镜管旁的符合水准观察窗内，若气泡居中时，气泡两端的像将符合呈一抛物线型，说明视线水平；若气泡两端的像不相符合，说明视线不水平。这时可用右手转动微倾螺旋使气泡两端的像完全符合，仪器便可提供一条水平视线，以满足水准测量基本原理的要求。注意：气泡左半部分的移动方向，总与右手大拇指的方向不一致。

⑤读数　用十字丝，截读水准尺上的读数。现在的水准仪多是倒像望远镜，读数时应由上而下进行。先估读毫米级读数，后报出全部读数。注意：水准仪使用步骤一定要按上面顺序进行，不能颠倒，特别是读数前的符合水泡调整，一定要在读数前进行。

（5）保养与维修：

①水准仪是精密的光学仪器，正确合理使用和保管对保持仪器精度和延长使用寿命有很大的作用；

②避免阳光直晒，不许随便拆卸仪器；

③每个微调都应轻轻转动，不要用力过大，镜片、光学片不准用手触碰；

④仪器有故障时，由熟悉仪器结构者或修理部修理；

⑤每次使用完后，应将仪器擦干净，保持干燥。

24. 经纬仪结构及各部件名称是什么？

经纬仪结构及各部件名称如图 1-3-29 所示。

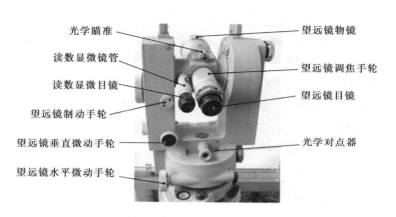

光学瞄准　　　　　　　　　　　望远镜物镜

读数显微镜管　　　　　　　　　望远镜调焦手轮

读数显微目镜

望远镜制动手轮　　　　　　　　望远镜目镜

望远镜垂直微动手轮　　　　　　光学对点器

望远镜水平微动手轮

图 1-3-29　经纬仪

25. 如何正确使用经纬仪?

首先是安置仪器，安置仪器是将经纬仪安置在测站点上，包括对中和整平两项内容。对中的目的是使仪器中心与测站点标志中心位于同一铅垂线上。整平的目的是使仪器竖轴处于铅垂位置，水平度盘处于水平位置。

（1）初步对中整平，用锤球对中时其操作方法如下：

①将三脚架调整到合适高度，张开三脚架安置在测站点上方，在脚架的连接螺旋上挂上锤球，如果锤球尖离标志中心太远，可固定一脚移动另外两脚，或将三脚架整体平移，使锤球尖大致对准测站点标志中心，并注意使架头大致水平，然后将三脚架的脚尖踩入土中。

②将经纬仪从箱中取出，用连接螺旋将经纬仪安装在三脚架上。调整脚螺旋，使圆水准器气泡居中。

③此时，如果锤球尖偏离测站点标志中心，可旋松连接螺旋，在架头上移动经纬仪，使锤球尖精确对中测站点标志中心，然后旋紧连接螺旋。

（2）当初步对中整平用光学对中器对中时，其操作方法如下：

①使架头大致对中和水平，连接经纬仪。调节光学对中器的目镜和物镜对光螺旋，使光学对中器的分划板小圆圈和测站点标志的影像清晰。

②转动脚螺旋，使光学对中器对准测站标志中心，此时圆水准器气泡偏离，伸缩三脚架架腿，使圆水准器气泡居中，注意脚架尖位置不得移动。

（3）精确对中和整平，其操作方法如下：

①整平：先转动照准部，使水准管平行于任意一对脚螺旋的连线，两手同时向内或向外转动这两个脚螺旋，使气泡居中，注意气泡移动方向始终与左手大拇指移动方向一致。然后将照准部转动90°，如图1－3－30所示，转动第三个脚螺旋，使水准管气泡居中；再将照准部转回原位置，检查气泡是否居中，若不居中，按上述步骤反复进行，直到水准管在任何位置气泡偏离零点均不超过一格为止。

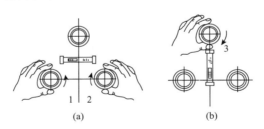

图1－3－30　经纬仪使用示意图1

②对中：先旋松连接螺旋，在架头上轻轻移动经纬仪，使锤球尖精确对中测站点标志中心，或使对中器分划板的刻划中心与测站点标志影像重合，然后旋紧连接螺旋。锤球对中误差一般可控制在3mm以内，光学对中器对中误差一般可控制在1mm以内。

③对中和整平一般都需要经过几次"整平—对中—整平"的循

环过程，直至整平和对中均符合要求。

（4）瞄准目标，其操作方法如下：

①松开望远镜制动螺旋和照准部制动螺旋，将望远镜朝向明亮背景，调节目镜对光螺旋，使十字丝清晰，如图1-3-31所示。

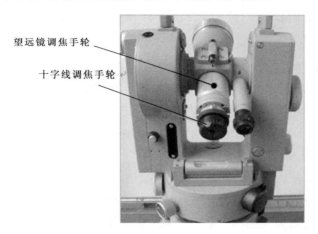

望远镜调焦手轮

十字线调焦手轮

图1-3-31　经纬仪使用示意图2

②利用望远镜上的照门和准星粗略对准目标，拧紧照准部及望远镜制动螺旋。调节物镜对光螺旋，使目标影像清晰，并注意消除视差。

③转动照准部和望远镜微动螺旋，精确瞄准目标。测量水平角时，应用十字丝交点附近的竖丝瞄准目标底部，如图1-3-32所示。

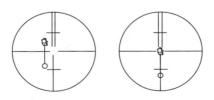

图1-3-32　经纬仪使用示意图3

（5）读数，其操作方法如下：

①打开反光镜，调节反光镜镜面位置，使读数窗亮度适中。

②转动读数显微镜目镜对光螺旋，使度盘、测微尺及指标线的影像清晰。

③根据仪器的读数设备，按前述的经纬仪读数方法进行读数。

26. 施工中常用的压力表有哪几类？

（1）压力表按其测量精确度分类　可分为精密压力表、一般压力表。精密压力表的测量精确度等级分别为 0.1 级、0.16 级、0.25 级、0.4 级、0.05 级。一般压力表的测量精确度等级分别为 1.0 级、1.6 级、2.5 级、4.0 级；

（2）压力表按其测量基准分类：压力表按其指示压力的基准不同，分为一般压力表、绝对压力表不锈钢压力表、差压表。一般压力表以大气压力为基准。绝压表以绝对压力零位为基准。差压表测量两个被测压力之差。

（3）压力表按其测量范围分类　分为真空表、压力真空表、微压表、低压表、中压表及高压表。真空表用于测量小于大气压力的压力值。压力真空表用于测量小于和大于大气压力的压力值。微压表用于测量小于 60000Pa 的压力值。低压表用于测量 0～6MPa 压力值。中压表用于测量 10～60MPa 压力值；

（4）压力表按其显示方式分类　分为指针压力表和数字压力表。

27. 设备试压时如何选用压力表？

（1）进行压力试验时，必须采用两个量程相同、经过校验并在有效期内的压力表。压力表的量程宜为试验压力的 2 倍，但不得低于 1.5 倍和高于 3 倍，精度不得低于 1.5 级，表盘直径不得小于 100mm。

（2）压力表应安装在设备的最高处和最低处，试验压力值应以最高处的压力表读数为准，并用最低处的压力表读数进行校核。

28. 如何正确使用手锤和大锤？

（1）锤子是主要的击打工具，由锤头和锤柄组成，如图 1-3-33 所示，锤子的重量应与工件、材料和作用力相适应，太重和过轻都会不安全。

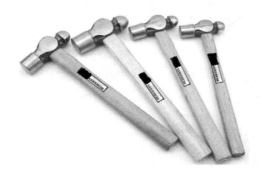

图 1-3-33　锤子

（2）使用手锤时，要注意锤头与锤柄的连接必须牢固，稍有松动就应立即加楔紧固或重新更换锤柄，锤子的手柄长短必须适度，经验提供比较合适的长度是手握锤头，前臂的长度与手锤的长度相等。在需要较小的击打力时可采用手挥法，在需要较强的击打力时，宜采用臂挥法，如图 1-3-34 所示。采用臂挥法时应注意锤头的运动弧线，手锤柄部不应被油脂污染。

（3）使用大锤时应注意以下几点：

①锤头与把柄连接必须牢固，凡是锤头与锤柄松动，锤柄有劈裂和裂纹的绝对不能使用。锤头与锤柄在安装孔的加楔，以金属楔为好，楔子的长度不要大于安装孔深的 2/3。

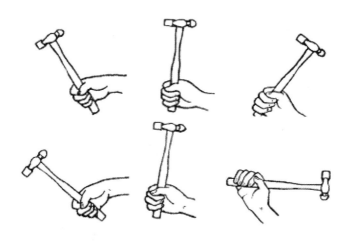

图 1-3-34　手锤击打示意图

②为了在击打时有一定的弹性，把柄的中间靠顶部的地方要比末端稍狭窄。

③使用大锤时，必须注意前后、左右、上下，在大锤运动范围内严禁站人，不许用大锤与小锤互打。

④锤头不准淬火，不准有裂纹和毛刺，发现飞边卷刺应及时修整。

29. 如何正确使用钳子?

钳子的种类有很多，按照不同的分类方法被划分为不同的类型。我们经常使用的有钢丝钳、尖嘴钳、剥线钳和管子钳。这四种钳子的使用方法不同，我们使用的时候需要根据情况来选择。使用的时候要注意钳子的力量范围，如果达不到所需的力量不要强行使用以免损坏钳子。

（1）钳子分类

①钳子按性能可分为夹扭型、剪切型、夹扭剪切型；

②按形状可分为尖嘴钳、扁嘴钳、圆嘴钳、弯嘴钳、斜嘴

钳、针嘴钳、顶切钳、钢丝钳、花鳃钳等；

③常用钳子如图1-3-35所示。

(a) 扁嘴钳　　　　　　　(b) 尖嘴钳　　　　　　　(c) 管钳

图1-3-35　常用钳子示意图

（2）使用方法

①确定钳子的牙齿是干净和锐利的，磨损或油腻的口更可能使你滑倒；

②检查钳子手柄的橡胶套是否完好，是否具有一定的摩擦；

③检查操作对象是否干净，如果有油，则油自由的滑移能使你严重地受伤；

④在操作过程中始终保持操作者的手腕是直的；

⑤在使用时严禁用任何东西锤砸手柄；

⑥严禁用手柄有损伤的钳子操作带电的对象；

⑦钳子错误的使用方式如图1-3-36所示。

(a) 平口钳当榔头使用　　　　　**(b)** 用榔头锤平口钳

图1-3-36　钳子错误使用方式示意图

（3）注意事项

①普通尖嘴钳、扁嘴钳不得带电作业，以防触电；

②在剪切崩紧的金属线时，必须佩戴护目镜，同时要用一只手抓紧剪切刀口外侧的金属线，防止被剪断的金属线弹伤；

③登高作业时，不要将钳子随意放置，以防坠落伤人；

④不能将钳子当钢锤使用；

⑤管钳不能在管子钳的手柄尾端加接套管延长力臂，以防损坏管子钳；

⑥不能用钢锤敲击管子钳，管钳在冲击载荷下极易变形损坏；

⑦不能用管钳扳拧六角螺栓或螺母，以免损坏螺栓和螺母的六角；

⑧管钳的螺纹调节部分应保持干燥并经常上油，防止锈蚀。

30. 如何正确使用螺丝刀？

螺丝刀用来紧固或拆卸螺钉。它的种类很多，常见的有：按照头部的形状的不同，可分为一字和十字两种；按照手柄的材料和结构的不同，可分为木柄、塑料柄、夹柄和金属柄等四种；按照操作形式不同，可分为自动、电动和风动等形式。

（1）一字形螺丝刀　这种螺丝刀主要用来旋转一字槽形的螺钉、木螺丝和自攻螺丝等，如图 1-3-37 所示。它有多种规格，通常说的大、小螺丝刀是用手柄以外的刀体长度来表示的，常用的有 100mm、150mm、200mm、300mm 和 400mm 等几种。要根据螺丝的大小选择不同规格的螺丝刀。若用型号较小的螺丝刀来旋拧大号的螺丝很容易损坏螺丝刀，使用时应注意。

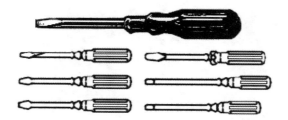

图1-3-37　一字形螺丝刀

（2）十字形螺丝刀　这种螺丝刀主要用来旋转十字槽形的螺钉、木螺丝和自攻螺丝等，如图1-3-38所示。使用十字形螺丝刀时，应注意使旋杆端部与螺钉槽相吻合，否则容易损坏螺钉的十字槽。十字螺丝刀的规格和一字螺丝刀相同。

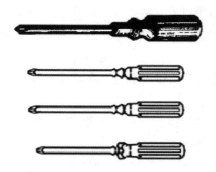

图1-3-38　十字形螺丝刀

（3）多用途螺丝刀　它是一种多用途的组合工具，手柄和头部是可以随意拆卸的，有的螺丝刀带有试电笔的功能如图1-3-39所示。此外，还有电动螺丝刀等，在此不作一一介绍。

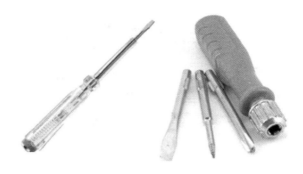

图 1-3-39　　多用途螺丝刀

31. 如何正确使用手锯?

手锯是手工锯割的主要工具,可用于锯割零件的多余部分,锯断机械强度较大的金属板、金属棍或塑料板等。手锯由锯条和锯弓组成。锯弓用以安装并张紧锯条,由钢质材料制成。锯条也用钢质材料制成,并经过热处理变硬。锯条的长度以两端安装孔的中心距离来表示,我们常用的是 300mm 的一种。锯条的锯齿有粗细之分,通常以每 25mm 长度内的齿数来表示,有 14、18、24和 32 等几种。

锯条的安装应使齿尖朝着向前推的方向,锯条的张紧程度要适当,过紧容易在使用中崩断,过松容易在使用中扭曲、摆动,使锯缝歪斜,也容易折断锯条。握锯一般以右手为主,握住锯柄,加压力并向前推锯,以左手为辅,扶正锯弓,根据加工材料的状态(如板料、管材或圆棒),可以作直线式或上下摆动式的往复运动,如图 1-3-40 所示。向前推锯时应均匀用力,向后拉锯时双手自然放松。快要锯断时,应注意轻轻用力。

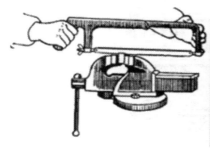 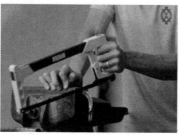

图 1-3-40　手锯使用示意图

32. 如何正确使用锉刀？

锉刀是用来锉削金属板、金属棍或塑料板等的一种工具。锉刀分为普通锉、什锦锉和异形锉等三类。普通锉刀的结构如图 1-3-41 所示。

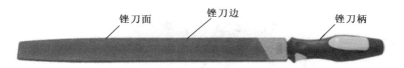

图 1-3-41　锉刀结构示意图

普通锉按照端面形状又可分为扁锉、方锉、三角锉、半圆锉和圆锉等五种。

锉刀的基本使用方法：最典型的钢锉的使用方法如图 1-3-42 所示，右手握锉柄，用力方向与锉的方向一致，左手握住锉头处。锉的方向与工件呈 45°角，还要保持锉成水平状态。

锉刀在使用时，要考虑以下几点：

（1）不同的加工对象，如何选择不同的锉刀；

（2）如何正确固定被锉的零件；

（3）被锉刀加工的工件的表面的平滑（不是光滑）程度如何。

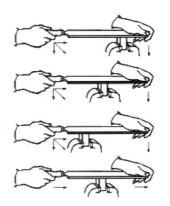

图 1-3-42　锉刀使用示意图

33. 扳手有哪些种类？

（1）开口扳手　如图 1-3-43 所示，一端或两端制有固定尺寸的开口，用以拧转一定尺寸的螺母或螺栓。

图 1-3-43　开口扳手

（2）梅花扳手　如图 1-3-44 所示，两端具有带六角孔或十二角孔的工作端，适用于工作空间狭小，不能使用普通扳手的场合。梅花扳手只要转过 30°，就可改变扳动方向，所以在狭窄的地方工作较为方便。

图 1-3-44　梅花扳手

（3）两用扳手　如图1-3-45所示，一端与单头呆扳手相同，另一端与梅花扳手相同，两端拧转相同规格的螺栓或螺母。

图1-3-45　两用扳手

（4）活扳手　如图1-3-46所示，开口宽度可在一定尺寸范围内进行调节，能拧转不同规格的螺栓或螺母。

图1-3-46　活扳手

（5）钩形扳手　如图1-3-47所示，又称月牙形扳手，用于拧转厚度受限制的扁螺母等。

图1-3-47　钩形扳手

（6）套筒扳手　如图1-3-48所示，它是由多个带六角孔或十二角孔的套筒并配有手柄、接杆等多种附件组成，特别适用于拧转地位十分狭小或凹陷很深处的螺栓或螺母。

图1-3-48　套筒扳手

（7）扭矩扳手（手动）　如图1-3-49所示，它在拧转螺栓或螺母时，能显示出所施加的扭矩。或者当施加的扭矩到达规定值后，会发出光或声响信号。扭力扳手适用于对扭矩大小有明确规定的装置。

图1-3-49　手动扭矩扳手

（8）电动扳手　它是拧紧和旋松螺栓及螺母的电动工具，如图1-3-50所示。电动扳手特点：操作方便，省时省力；缺点：价格高。

图1-3-50　电动扳手

34. 开口扳手如何使用？

根据被紧固的紧固件的特点选用相应的扳手，开口扳手适用于松紧狭窄空间的螺丝（帽）。开口扳手两端均为开口（宽度固定），其开口之方向与手柄中心线成15°（拆六角螺丝）或22.5°（拆方形螺丝），如图1-3-51所示，使用时可藉扳手的翻转以增加作业的范围。

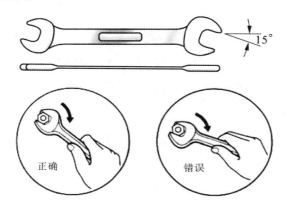

图1-3-51 开口扳手使用示意图

较常使用公制单位(mm)，一组长有六支，分别为 8×9、10×12、12×14、14×17、17×19、21×23 六支，其数字都刻在扳手上。使用各型扳手时，均不得两支套连在一起或套入铁管来使用，如图1-3-52所示。

图1-3-52 扳手错误使用示意图

35. 梅花扳手如何使用？

适用于初松螺丝(帽)或最后锁紧螺丝(帽)。在两端头部孔内有六角式或十二角式，六角式承受负荷较大，十二角式较容易套入螺帽中，较不易从螺帽上滑脱(操作方便)。梅花扳手使用时较易使力，较能减少工件物的损坏，适用于初松螺丝（帽）或最后锁紧螺丝（帽）。扳手头部呈70°之弯曲，可避开阻碍物而顺利转动，如图1-3-53所示。常见公制规格为一组6支，分别为10×12、12×14、14×17、17×19、19×21、23×26（mm）。

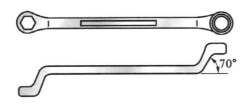

图1-3-53　梅花扳手

36. 活动扳手如何使用？

它是一种可调整式开口扳手。活动扳手的开口中心线与手柄成22.5°，如图1-3-54所示，活动扳手的规格系以全长表示（如200mm）。

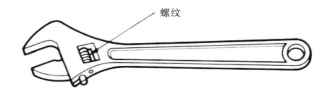

图1-3-54　活动扳手

使用时，先将活动扳手套入螺丝（帽）后，再转动调整蜗轮，使扳手钳口紧压螺丝（帽）两侧，扳转活动扳手时，施力也有一定方向，应朝活动端施力（固定端在施力方向后方），让固定端承受较大的力量，如图1-3-55所示，活动扳手只能单方向操作。活动扳手不可套入铁管以增加扭矩，更不能当成榔头。

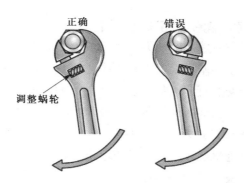

图1-3-55 活动扳手使用示意图

37. 紧固件的紧固要求主要有哪些?

螺钉、螺栓和螺母紧固时严禁打击或使用不合适的旋具与扳手,紧固后螺钉槽、螺母、螺钉及螺栓头部不得损伤。同一零件用多个螺钉或螺栓紧固时,各螺钉(螺栓)需交错、对称逐步(至少3次)拧紧,如有定位销,应从靠近定位销的螺钉或螺栓开始。螺钉、螺栓和螺母拧紧后,螺钉、螺栓一般应露出螺母1~2个螺距。螺钉、螺母拧紧后,有效螺纹必须达到3个螺距以上。通常情况下紧固顺序如图1-3-56所示。

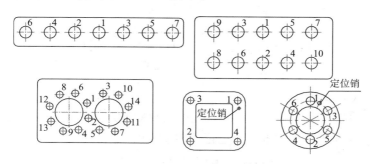

图1-3-56 螺栓紧固顺序示意图

38. 如何正确使用扭矩扳手?

扭矩扳手按所使用的动力源,一般分为手动、电动、气动和液压四大类。手动基本上指手动扳手。气动是以压缩空气为动力的。电动是指交、直流电都可以作为电源的。液压类的与气动类似,但液压源是由液压油提供的。按工作原理分类,扭矩扳手可分为指示式和预置式两大类,指示式可细分为数显式和指针式,预置式可细分为机械预置式、机械定值式等。

常用扭矩扳手使用介绍如下:

(1)扭矩扳手的结构如图 1-3-57 所示。

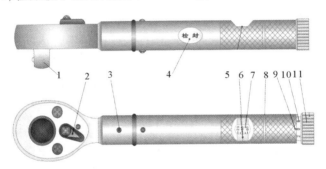

图 1-3-57　扭矩扳手结构示意图

1—方榫;2—换向手柄;3—定位销;4—检封;5—主标尺窗

6—主标尺基准;7—主标尺;8—检定加力;9—副标尺基准线

10—副标尺;11—设定轮

(2)使用方法:

①扭矩值的设定:力矩设定时将设定轮边旋转边适当用力向后拉出,使设定销卡入设定轮的相应槽中,同时设定轮上隐藏的副标尺露出来。顺时针(示值增大)或逆时针(示值减小)旋转设定轮,使标尺窗内的主标尺的示值与设定轮上的副标尺示值分别对准主、副标尺的基准线,主、副标尺示值相加之和即为所需要设

定的扭矩值。扭矩值确定后，将设定轮推入原位置，扭矩值设定工作完毕。

②将扳手方榫套入相应尺寸规格的套筒。

③将套筒套入螺母或螺栓帽上。

④按顺时针（右旋）方向均匀施力。

⑤当听到"咔嗒"声或感到扳手上有卸力感时，即已达到所设定的扭矩值。

⑥当拧长螺栓或油管一类的螺母，在套筒无法工作的情况下，需更换开口头或其他专用头。

（3）更换方法：

①压下定位销，沿脱力方向施力，即可取下棘轮头；

②将选好的相应尺寸开口头插入连接孔中并使定位销弹入小孔内即可。

39. 如何正确使用千斤顶？

液压千斤顶是实现对重物进行举升或推移的基本工具，如图1-3-58所示，在重大设备的搬运、安装调试、拆卸修理过程中都会经常得到使用。

图1-3-58　液压千斤顶

(1)液压千斤顶工作原理

液压基础理论(帕斯卡原理):施加在静止液体任一点的压力,将以同等大小压力向该点所有方向传递(这意味着当使用多个液压缸时,每个液压缸将按各自的速度推或拉,而这些速度取决于移动负载所需的压力。在液压缸承载能力范围相同的情况下,承载最小载荷的液压缸会首先移动,承载最大载荷的液压缸最后移动。为使液压缸同步运动,以达到载荷在任一点以同一速度被顶升,一定要在系统中使用控制阀或同步顶升系统元件)。

液压千斤顶传动原理:以油液作为工作介质,通过密封容积的变化来传递运动,通过油液内部的压力来传递动力。

①动力部分　将原动机的机械能转换为油液的压力能(液压能),如液压泵;

②执行部分　将液压泵输入的油液压力能转换为带动工作机构的机械能,如液压千斤(液压油缸)、液压马达;

③控制部分　用来控制和调节油液的压力、流量和流动方向;

④辅助部分　将前面三部分连接在一起,组成一个系统,起储油、过滤、测量和密封等作用。

(2)千斤顶使用注意事项

①液压千斤顶在顶升作业时,要选择合适吨位的液压千斤顶,承载能力不可超负荷,选择液压千斤顶的承载能力需大于重物重力的1.2倍。液压千斤顶最低高度合适,为了便于取出,选用液压千斤顶的最小高度应与重物底部施力处的净空相适应,起落过程中垫枕木支持重物时,液压千斤顶的起升高度要大于枕木厚度与枕木变形之和。

②当使用多台液压千斤顶顶升同一设备时,应选用同一型号的液压千斤顶,且每台液压千斤顶的额定起重量之和不得小于所

承担设备重力的 1.5 倍。

③液压千斤顶在使用前应擦拭干净，并应检查各部件是否灵活，有无损伤和漏油现象，在有载荷时切忌将快速接头卸下，以免发生事故及损坏部件。

④液压千斤顶在使用前应放置平整，不能倾斜，底部要垫平，严防地基偏沉或载荷偏移而使液压千斤顶倾斜或翻倒，可在液压千斤顶底部垫坚韧的枕木或防滑钢板来扩大承压面积，以免陷落或滑动而发生事故。切勿用有油污的木板或钢板作为衬垫，防止受力时打滑，发生安全事故。重物被顶升位置必须是安全、坚实的部位，以防损坏设备。

⑤使用液压千斤顶时，应先将重物试顶起一小部分，仔细检查液压千斤顶无异常后，再继续顶升重物。若发现垫板受压后不平整、不牢固或液压千斤顶有倾斜及漏油现象时，必须将液压千斤顶卸压回程，及时处理好后方可再次操作。

⑥在顶升过程中，应随重物的不断上升及时在液压千斤顶下方铺垫保险枕木架，以防液压千斤顶倾斜或油管暴裂引起活塞突然下降而造成事故；下放重物时要逐步向外抽出枕木，枕木与重物间的距离不得超过一块枕木的厚度，以防意外。

⑦若重物的顶升高度需超出液压千斤顶额定高度时，需先在液压千斤顶顶起的重物下垫好枕木，降下液压千斤顶，垫高其底部，重复顶升，直至需要的起升高度。

⑧液压千斤顶不可作为永久支承设备（螺母自锁液压千斤顶可作长时间支承）。如需长时间支承，应在重物下方增加支承部分，以防发生安全事故。

⑨若顶升重物一端只用一台液压千斤顶时，则应将液压千斤顶放置在重物的对称轴线上，并使液压千斤顶底座长的方向和重物易倾倒的方向一致。若重物一端使用两台液压千斤顶时，其底

座的方向应略呈八字形对称放置于重物对称轴线两侧。

⑩使用两台或多台液压千斤顶同时顶升作业时，须统一指挥、协调一致、同时升降。

⑪液压千斤顶不得在高于80℃环境中使用。

⑫液压千斤顶和高压油管分离时应先消除压力后进行，然后将接头防尘盖旋上。

⑬液压千斤顶应存放在干燥、无尘的地方，不适宜长时间放置在有酸碱、腐蚀性气体的场所，更不能放在室外日晒雨淋。

40. 如何正确使用电钻?

（1）使用电钻时的个人防护注意事项：

①面部朝上作业时，要戴上防护面罩，在生铁铸件上钻孔要戴好防护眼镜，以保护眼睛；

②钻头夹持器应妥善安装；

③作业时钻头处在灼热状态，应注意灼伤肌肤；

④钻ϕ12mm以上的手持电钻钻孔时应使用有侧柄手枪钻；

⑤站在梯子上工作或高处作业应做好高处坠落措施，梯子应有地面人员扶持。

（2）作业前注意事项：

①确认现场所接电源与电钻铭牌是否相符，是否接有漏电保护器；

②钻头与夹持器应适配，并妥善安装；

③确认电钻上开关接通锁扣状态，否则插头插入电源插座时电钻将出其不意地立刻转动，从而可能招致人员伤害危险；

④若作业场所在远离电源的地点，需延伸线缆时，应使用容量足够、安装合格的延伸线缆；延伸线缆如通过人行过道应高架或做好防止线缆被碾压损坏的措施。

（3）电钻的正确操作方法：

①在金属材料上钻孔时应首先在被钻位置处冲打上样冲眼；

②在钻较大孔眼时，预先用小钻头钻穿，然后再使用大钻头钻孔；

③如需长时间在金属上进行钻孔，可采取一定的冷却措施，以保持钻头的锋利；

④钻孔时产生的钻屑严禁用手直接清理，应用专用工具清屑。

（4）维护和检查：

①检查钻头：使用迟钝或弯曲的钻头，将使电动机过负荷面工况失常，并降低作业效率，因此，若发现这类情况，应立刻处理更换；

②电钻器身紧固螺钉检查：使用前检查电钻机身安装螺钉紧固情况，若发现螺钉松了，应立即重新扭紧，否则会导致电钻故障；

③检查碳刷：电动机上的碳刷是一种消耗品，其磨耗度一旦超出极限，电动机将发生故障，因此，磨耗了的碳刷应立即更换，此外碳刷必须常保持干净状态；

④保护接地线检查：保护接地线是保护人身安全的重要措施，因此Ⅰ类器具（金属外壳）应经常检查其外壳应有良好的接地。

41. 如何正确使用砂轮机？

砂轮机如图1-3-59所示。

图1-3-59　砂轮机

（1）使用前准备：

①砂轮机要有专人负责，经常检查，以保证正常运转；

②更换新砂轮时，应切断总电源，同时安装前应检查砂轮片是否有裂纹，若肉眼不易辨别，可用坚固的线把砂轮吊起，再用一根木头轻轻敲击、静听其声，金属声则优、哑声则劣；

③砂轮机必须有牢固合适的砂轮罩，托架距砂轮不得超过5mm，否则不得使用；

④安装砂轮时，螺母上得不能过松、过紧，使用前应检查螺母是否松动；

⑤砂轮安装好后，一定要空转试验2～3min，看其运转是否平衡，保护装置是否妥善可靠，测试运转时，应安排两名工作人员，其中一人站在砂轮侧面开动砂轮，如有异常，由另一人在配电柜处立即切断电源，以防发生事故；

⑥凡使用者要戴防护镜，不得正对砂轮，而应站在侧面，同时不准戴手套，严禁使用棉纱等物包裹刀具进行磨削；

⑦使用前应检查砂轮是否完好（不应有裂痕、裂纹或伤残）及砂轮轴是否安装牢固、可靠，砂轮机与防护罩之间有无杂物，是否符合安全要求，确认无问题时，再开动砂轮机。

（2）使用中注意事项：

①开动砂轮时必须等40～60s转速稳定后方可磨削，磨削刀具时应站在砂轮的侧面，不可正对砂轮，以防砂轮片破碎飞出伤人；

②同一块砂轮上，禁止两人同时使用，更不准在砂轮的侧面磨削；磨削时，操作者应站在砂轮机的侧面，不要站在砂轮机的正面，以防砂轮崩裂，发生事故，同时不允许戴手套操作，严禁围堆操作和在磨削时嬉笑与打闹；

③磨削时的站立位置应与砂轮机成一夹角，且接触压力要均匀，严禁撞击砂轮，以免碎裂；砂轮只限于磨刀具，不得磨笨重

的物料或薄铁板以及软质材料（铝、铜等）和木质品；

④磨刀时，操作者应站在砂轮的侧面或斜侧位置，不要站在砂轮的正面，同时刀具应略高于砂轮中心位置，不得用力过猛，以防滑脱伤手；

⑤砂轮不准沾水，要经常保持干燥，以防湿水后失去平衡，发生事故；

⑥不允许在砂轮机上磨削较大较长的物体，防止震碎砂轮飞出伤人；

⑦不得单手持工件进行磨削，防止工件脱落在防护罩内卡破砂轮。

（3）使用后注意事项：

①必须经常修整砂轮磨削面，当发现刀具严重跳动时，应及时用金刚石笔进行修整；

②砂轮磨薄、磨小、使用磨损严重时，不准使用，应及时更换，保证安全；

③磨削完毕，应关闭电源，不要让砂轮机空转，同时要经常清除防护罩内积尘，并定期检修更换主轴润滑油脂。

42. 如何正确使用手拉葫芦？

手拉葫芦如图 1-3-60 所示。

图 1-3-60 手拉葫芦

　　手拉葫芦是一种使用简单、携带方便的手动起重机械，也称"环链葫芦"或"倒链"。它适用于小型设备和货物的短距离吊运，起重量一般不超过100t。手拉葫芦的外壳材质是优质合金钢，坚固耐磨，安全性能高。

　　手拉葫芦向上提升重物时，顺时针拽动手动链条、手链轮转动，下降时逆时针拽动手拉链条，制动座跟刹车片分离，棘轮在棘爪的作用下静止，五齿长轴带动起重链轮反方向运行，从而平稳升降重物。手拉葫芦一般采用棘轮摩擦片式单向制动器，在载荷下能自行制动，棘爪在弹簧的作用下与棘轮啮合，使制动器安全工作。

　　它具有安全可靠、维护简便、机械效率高、手链拉力小、自重较轻便于携带、外形美观尺寸较小、经久耐用的特点，适用于工厂、矿山、建筑工地、码头、船坞、仓库等用于安装机器、起吊货物，尤其对于露天和无电源作业，更显示出其优越性。

　　手拉葫芦主要机件选用合金钢材料制造，链条采用800MPa高强度起重链条，材质一般为20M2，是中频淬火热处理、低磨损、防腐蚀的链条。高强度吊钩，材质一般为合金钢，煅打式的吊钩设计确保了缓慢起升以防过载。

　　（1）操作方法：

　　①严禁斜拉超载使用；

　　②严禁用人力以外的其他动力操作；

　　③在使用前须确认机件完好无损，传动部分及起重链条润滑良好，空转情况正常；

　　④起吊前检查上下吊钩是否挂牢，起重链条应垂直悬挂，不得有错扭的链环，双行链的下吊钩架不得翻转；

　　⑤操作者应站在与手链轮同一平面内拽动手链条，使手链轮沿顺时针方向旋转，即可使重物上升；反向拽动手链条，重物即

可缓缓下降；

⑥在起吊重物时，严禁人员在重物下做任何工作或行走动作，以免发生重大事故；

⑦在起吊过程中，无论重物上升或下降，拽动手链条时，用力应均匀和缓，不要用力过猛，以免手链条跳动或卡环；

⑧操作者如发现手拉力大于正常拉力时，应立即停止使用；防止破坏内部结构，以防发生坠物事故；

⑨待重物安全稳固着陆后，再取下手拉葫芦下钩；

⑩使用完毕后，轻拿轻放，置于干燥、通风处，涂抹润滑油放好。

（2）维护方法：

①使用完毕应将葫芦清理干净并涂上防锈油脂，存放在干燥地方，防止手拉葫芦受潮生锈和腐蚀；

②维护和检修应由较熟悉葫芦机构者进行，用煤油清洗葫芦机件，在齿轮和轴承部分，加黄油润滑，防止不懂本机性能原理者随意拆装；

③葫芦经过清洗维修，应进行空载试验，确认工作正常、制动可靠时，才能交付使用；

④制动器的摩擦表面必须保持干净，制动器部分应经常检查，防止制动失灵，发生重物自坠现象；

⑤手拉葫芦的起重链轮左右轴承的滚柱，可用黄油黏附在已压装于起重链轮轴颈的轴承内圈上，再装入墙板的轴承外圈内；

⑥手拉葫芦在安装制动装置部分时，注意棘轮齿槽与棘爪爪部啮合良好，弹簧对棘爪的控制应灵活可靠；装上手链轮后，顺时针旋转手链轮，就将棘轮、摩擦片压紧在制动器座上，逆时针旋转手链轮，棘轮与摩擦片间应留有空隙；

⑦为了维护和拆卸方便，手链条其中一节系开口链（不允许

焊死);

⑧在加油和使用手拉葫芦过程中,制动装置的摩擦面必须保持干净,并经常检查制动性有无,防止制动失灵引起重物自坠。

43. 如何正确使用切割机?

切割机如图 1-3-61 所示。

图 1-3-61 切割机

(1)准备工作:

①穿戴好劳保防护用品;

②准备母材(严禁切割镁合金、塑料、木材等软黏性工件);

③清空作业场地无关的杂物。

(2)开机前检查:

①检查砂轮切割机电源母线是否磨损,电源接触是否良好以及是否有漏电现象;

②检查砂轮切割片是否破损严重,是否需要更换;

③用手转动砂轮机切割片,看其是否运转正常,检查砂轮片坚固螺栓是否松动;

④检查砂轮切割机是否安装稳固。

(3)安装砂轮片:

①仔细检查新砂轮,如有裂纹、伤痕严格禁止使用;

②新砂轮安装时,应在砂轮与法兰盘间衬入 0.5~2mm 的纸垫,法兰盘螺钉应均匀拧紧,但不要过渡压紧,以免压坏砂轮;

③新砂轮安装好后,以工作转速进行不少于 5min 的空运转,确认安装正确、运转正常后方可工作。

(4)装夹工具:

①根据工件径向大小将坚固工件的手轮松开到合适位置,以便工件顺利放入;

②若工件太长，可在工件尾部垫上物品，使装夹部分紧贴工作面而无翘起现象；

③工件放入后用手转动坚固手轮对工件进行预紧；

④调整定位需要切割的工作尺寸后，用手转动坚固手轮将工件卡死。

（5）切割：

①打开电源使切割砂轮片转动；

②左手扶着工件，右手扳动切割机手柄使切割片与工件缓慢接触；

③接触后手均匀用力作用在切割手柄上使工件切割时受力均匀；

④出现砂轮片卡住切不动现象时，可以稍提起切割手柄再进行切割，若频繁出现卡住现象，应提起切割手柄关闭电源，待砂轮片完全停止转动后检查砂轮片是否有缺口破损现象及电动机上传动皮带是否松动；

⑤当工件切断后将手柄提起，关闭切割机电源，待砂轮片完全停止转动后再卸下工件；

⑥切割结束后应将切割机放进库房内。

第四章　放　样

1. 展开放样的概念是什么？

将构件的表面按其实际形状和大小依次铺平在同一平面上，称为构件表面展开，简称展开。按1:1的比例（或一定的比例）在平面上画出构件的轮廓，准确地定出其尺寸，作为制作构件的依据，这一过程称为放样。

2. 展开放样的工作内容是什么？

运用基本几何作图法及对构件的形体分析，利用平行线、放射线和三角形等基本展开法求素线实长，同时注意板厚处理。

3. 放样与下料时常用的量具与工具有哪些？

量具：钢板尺、钢卷尺、钢盘尺、直角尺、座尺。

工具：划规、地规、样冲、划针和石笔、手锤、粉线等。

4. 常用号料线及符号有哪些？

常见号料线及符号见表1-4-1。

表1-4-1　号料线及符号对应表

序　号	号料线名称	符　号	说　明
1	中心线		圆点为样冲眼位置
2	剪切线		表示切口两边料均为工件

续表

序　号	号料线名称	符　号	说　明
3	带余料剪切线	/////////////	斜线边为余料
4	弯曲线	∿∿	俗称槽线
5	R 曲线	{—— $R_曲$ ——}	表明弯曲方向，字符弯曲在正面为正曲，否则为反曲

5. 如何画直线？

画短直线时，用划针（或石笔）配合弯尺或钢板尺画出。画较长直线时，可用粉线弹出。

6. 如何画垂线和十字线？

（1）作已知 AB 直线上的一点 O 的垂线

作法如图 1-4-1 所示。

①以 O 为圆心，任意长为半径画弧，在 AB 直线上交于 C、D 两点；

②分别以 C、D 为圆心，以任意半径画弧，相交于 E、F 两点；

③连接 F、E，即为垂直于 AB 并过 O 点的直线，就是通常所说的十字线。

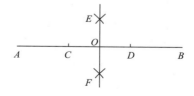

图 1-4-1　垂线作法（十字线作法）

（2）过端点作该线段的垂线

作法 1 如图 1-4-2 所示。

①以 A 点为圆心，任意长尺寸为半径画弧，交于 AB 线于 1 点；

②以 1 点为圆心，R 为半径画弧，交前弧于 2 点，连接 1-2 并延长；

③以 2 点为圆心，R 为半径画弧，交 1-2 延长线于 C 点，连接 CA 即为所求。

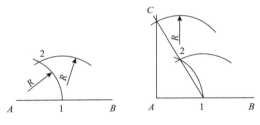

图 1-4-2　垂线作法 1

作法 2 如图 1-4-3 所示。

①在线外任取一点 C 为圆心，以 CB 为半径作圆，交直线 AB 于 D 点；

②连接 C、D 并延长交于圆于 E 点，连接 B、E 即为所求的垂线。

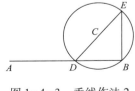

图 1-4-3　垂线作法 2

7. 如何画平行线?

（1）作距已知直线为 h 的平行线。

已知 AB 为直线，作一平行于 AB 的直线 CD，两条平行线间距为 R。作法如图 1-4-4 所示。

①在直线 AB 上任取两点 1、2 为圆心，以 h 为半径分别画圆弧；

②作两圆弧的公切线 CD，此直线 CD 即为所求。

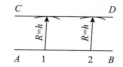

图 1-4-4　平行线画法 1

（2）过线外一点 C，作平行于该直线 AB 的平行线。作法如图 1-4-5 所示。

①任取长度 R 为半径，C 为圆心作圆弧，交直线 AB 于 1 点；

②以 1 点为圆心，R 为半径作圆弧，交直线 AB 于 2 点；

③以 1 点为圆心，取 C、2 两点距离为半径画圆弧，得交点 D；

④连接 C、D 即为所求。

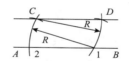

图 1-4-5　平行线画法 2

8. 如何画矩形?

以 a、b 为两边，用作图法画矩形。先作相距为 b 的两平行线 AB 和 1-2，并各截取长度为 a，以 B 为圆心，$A-2$ 为半径，画弧交于 1-2 于 3，将 1-3 二等分，中点为 D，取 CD 等于 a，连接 A、B、C、D 四点，即为所示矩形。此种方法在工地上常用于画矩形板，如图 1-4-6 所示。

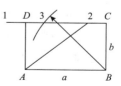

图 1-4-6　矩形画法

9. 如何画直角？

铆工操作中，直角通常是用来检验钢板是否规矩(俗称为规方)，以及检验所画的垂直线和角度是否正确。常用的画直角方法有以下几种：

(1)利用勾股弦定理(即勾3、股4、弦5)画直角，如图1-4-7(a)所示；

(2)利用斜边边长二等分画直角，如图1-4-7(b)所示；

(3)利用半径法画直角，如图1-4-7(c)所示。

(a)利用勾股弦定理　　(b)利用斜边长二等分　　(c)利用半径法

图1-4-7　直角的画法

10. 展开的基本方法有哪些？

平行线法、放射线法、三角形法和表面取点法。

11. 什么是平行线展开法？

平行线展开法主要用于表面素线相互平行的立体。首先将立体表面用其相互平行的素线分割为若干平面，作展开时就以这些相互平行的素线为骨架，依次作出每个平面的实形以构成展开图。所以立体表面具有平行的边线或棱线的构件(如圆管、矩形管、椭圆管和棱柱管件)以及由这类管件所组成的各种金属构件均可用平行线法作展开图。

12. 虾米腰如何展开(以等径5节直角弯头为例)？

分析：可使用平行线展开法。多节等径圆管组成的弯头分节方法有普遍规律，设弯头的弯曲半径为R，两端面夹角为ψ，节

数为 n，则弯头由首尾两端节和 $n-2$ 个中间节组成，设首尾两端节的端面的中心角为 α，中间节端面中心角为 2α，一个中间节则由两个端节组成，因此，$\psi=2\alpha+2\alpha(n-2)$，所以 $\alpha=\psi/(2n-2)$，由以上分析本例中 $\alpha=90°/(2\times5-2)=11.25°$，每相邻两节结合线正面投影为直线，实际上由 5 节斜截圆柱管组成。

作法如图 1-4-8 所示。

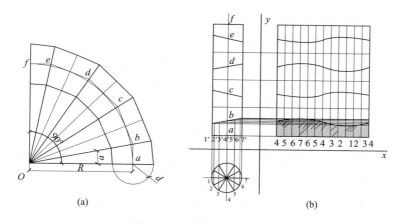

图 1-4-8　虾米腰展开图

（1）任作互垂线交于 O 点，以 O 点为圆心、以 R 为半径画弧，将圆弧分为 $2\times5-2=8$ 等份，将分点分别与 O 点相连，从下面第一个分点 a 开始，每间隔一个分点作圆弧切线，各条切线交于 b、c、d、e 各点，得到各段管的轴线长。

（2）从端面开始，以各节轴线的投影为对称轴，分别向两侧以 $d/2$（d 为弯头直径）为距离作各节轴线投影的平行线。则在内外两侧上，每两条与轴线投影平行的轮廓线交于一点，将内外侧上所得到的交点对应相连即得到相邻两个结合线的投影。

（3）将各节投影图拼成一个矩形，即成为一个整圆柱管的投影图。拼画方法是将各节管轴线伸直为一条竖直线，画出分点 a、

b、c、d、e、f，将第一节照画在拼接图上，然后将偶数节的投影图绕自身轴线旋转 180°画在拼接图上，即组成一个矩形。

（4）按整体圆管作出展开图，并作出结合线的展开曲线。实际上，只作出下面一节的端面展开曲线即可。然后将中间几节的上下方向对称线画出，将所求的展开曲线顺序绕对称线往上翻转即得其余的结合线展开曲线。

13. 什么是放射线展开法？

适用于立体表面素线相交于一点的锥面，如圆锥、椭圆锥、棱锥等，将锥体表面用呈放射形的素线，分割成共顶的若干个小三角形平面，求出实际大小后，以这些放射形素线为骨架，依次将它们画在同一平面上，即得到椎体表面的展开图。

14. 什么是三角形展开法？

三角形展开法是以立体表面素线（棱线）为主，并画出必要的辅助线，将立体表面分割成一定数量的三角形平面，然后求出每个三角形的实形，并依次画在平面上，从而得到整个立体表面的展开图。例如，天圆地方（即上圆下方变形接头）由 4 个等腰三角形和 4 个斜椭圆锥面组成。

15. 天圆地方（上圆下方变形接头）如何展开？

分析：使用放射线展开法和三角形展开法。方圆变形接头可划分为四个相同的等腰三角形平面和四个部分斜椭圆锥面。等腰三角形底边为正方形的直角边，是特殊位置直线，尺寸已知，而两个腰线需要求出它的实际长度。斜椭圆锥面的锥顶分别为底面正方形的四个顶点，锥底为方接圆变形接头的上口的圆弧，把斜椭圆锥面划分为若干个三角形来展开。确定三角形顶点的方法是作与底边平行且与顶圆相切的直线，其切点即为三角形的顶点，如在图 1-4-9（a）的俯视图中作直线 $mn//ba$，并切于圆，则切点

1 即为△1AB 顶点的水平投影。

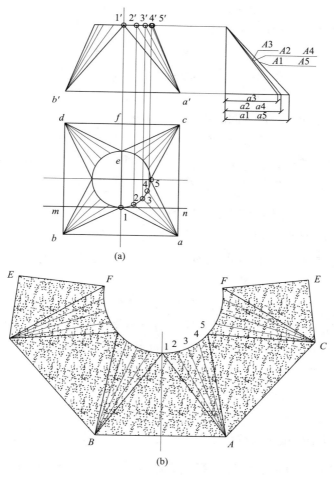

(a)

(b)

图 1-4-9　天圆地方展开图

作图方法如下：

（1）将俯视图圆周从 1 点开始作 16 等份，将各分点与正方形四个顶点的投影相连，并同时作出主视图上相应各线，三角形平

面与斜椭圆锥素线的投影即作出;

（2）用直角三角形公式求出 $A1$、$A2$、$A3$ 的实际长度，由于底面为正方形，所以 $A2 = A4$、$A5 = A1$;

（3）用已知边长作 $\triangle 1AB$ 实形，如图 1-4-9(b)所示，再以 1 点为圆心、以俯视图上圆弧分点间的弦长为半径画弧，然后以 A 点为圆心、以 $A2$ 长为半径画弧与前弧交于 2 点，得到斜椭圆锥面上一个小三角形。同法作出其余的三角形。完成了一个三角平面和一个部分斜椭圆锥面的展开图。依次作出其余的三角形平面和部分斜椭圆锥面的展开图，将上口所求的各点光滑连接起来，得到全部展开图。接缝线在 EF 处。

16. 什么是表面取点法?

两个曲面体相交，结合线一般是光滑的空间曲线，曲线上每一点都是两个曲面体的共有点，结合线是这两个曲面共有点的集合。

两个回转曲面体相交，如果其中有一个是轴线垂直于投影面的圆柱，则结合线在该投影面上的投影就重合在圆柱面有积聚性的投影上。于是，求圆柱与另一回转曲面体的结合线的投影问题，可以看作是已知另一回转体表面上线的一个投影求其他投影的问题。也就可以在结合线上取一些点，按已知曲面立体表面上点的一个投影，求其他投影的方法，称为表面取点法。将所取的点的各个投影作出后，光滑连接起来，即得到结合线的投影。

17. 马鞍口如何展开(以异径正交三通管为例)?

分析：使用表面取点法。由于两个圆管直径尺寸不同，所以结合线的投影是曲线。求结合线的作图方法可以采用表面取点展开法。结合线求出后即可作展开图。本例只对直管进行展开。

作图方法：如图 1-4-10 所示。

（1）将支管端面圆周分为 12 等份，并展成一条直线，画出各条素线的位置；

（2）将左视图上各标号的素线端点对应地量到展开图同号素线上，将各端点光滑连接起来。这个展开图接缝线在标号为 1 的素线上。

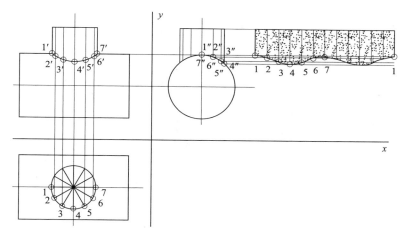

图 1-4-10　马鞍口展开图

第二篇　基本技能

第一章　钢结构

第一节　钢结构施工图

1. 如何识读钢结构平面图？

沿结构框架每层楼板面的水平剖面表示相应各层的楼层结构平面，一般每层一张图纸，表示水平面里各型钢的位置，尺寸和规格。可分为一次设计平面图和安装平面图，如图2-1-1、图2-1-2所示。

2. 如何识读钢结构立面图？

沿结构框架轴线的纵向坡面表示相应各轴的轴侧结构立面，一般每轴一张图纸，表示立面里各型钢的层数、标高和规格。可分为一次设计立面图和安装立面图，如图2-1-3、图2-1-4所示。

3. 节点图的图例概念是什么？

钢结构刚接节点是钢结构相互之间的连接方式，主要表现为焊接，如图2-1-5所示。

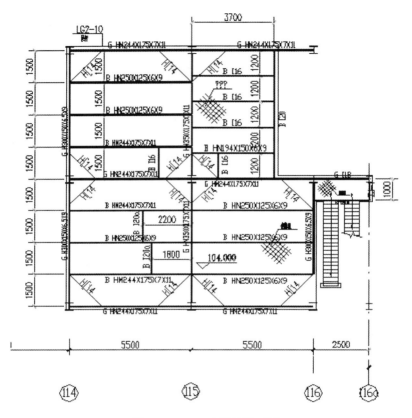

图 2-1-1　一次设计平面图

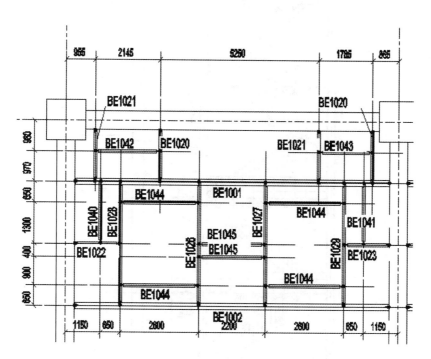

图 2-1-2 安装平面图

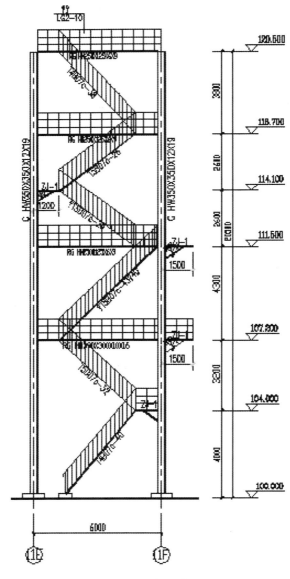

图 2-1-3　一次设计立面图

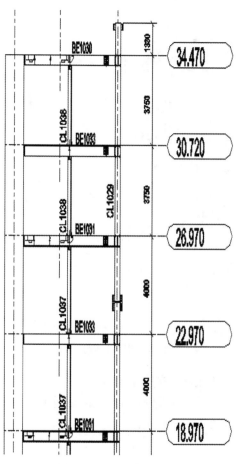

图 2-1-4　安装立面图

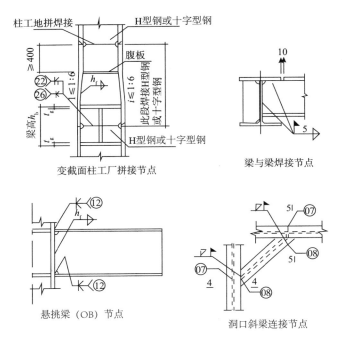

图 2-1-5　钢结构焊接节点图

4. 什么是钢结构铰接节点?

钢结构铰接节点是钢结构相互之间的连接方式,主要表现为螺栓连接,如图 2-1-6 所示。

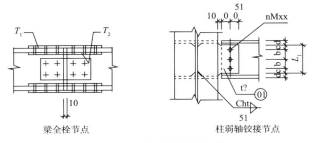

图 2-1-6　钢结构铰接节点图

5. 什么是钢结构栓焊节点？

钢结构栓焊节点是钢结构相互之间的连接方式，主要表现为螺栓连接和焊接相结合，如图 2-1-7 所示。

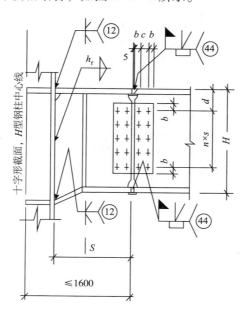

图 2-1-7　钢结构栓焊节点图

6. 钢结构图中字母符号表示的是什么？

钢结构图中一般情况下连接方式代号主要表示含义见表 2-1-1。

表 2-1-1　钢结构图中字母含义表

字母符号	表示含义
C	框架柱
G	铰接大梁
B	铰接次梁
RG	下端（或左端）与框架柱刚性连接的框架梁，上端（或右端）与框架柱铰接连接的框架梁

字母符号	表示含义
GR	上端（或右端）与框架柱刚性连接的框架梁，下端（或左端）与框架柱铰接连接的框架梁
OB	从梁上悬挑出来的挑梁，与梁刚接连接
CB	从柱上悬挑出来的挑梁，与柱刚接连接
P	立柱或吊柱（主要与梁连接）
ZJ	三角支架
V	单截面构件垂直支撑
H	单截面构件水平支撑
VLD	双角钢长肢背靠背垂直支撑
VSD	双角钢短肢背靠背垂直支撑
HLD	双角钢长肢背靠背水平支撑
HSD	双角钢短肢背靠背水平支撑
EL	水平标高
T	直梯
ST	钢斜梯
GDL	吊车梁
G	钢格板

7. 钢结构焊缝图示与符号有哪些？

钢结构焊缝图示与符号见表 2-1-2。

表 2-1-2　钢结构焊缝图示与符号表

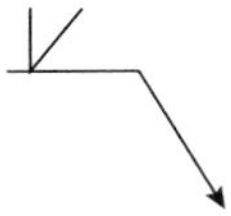	单面坡口焊	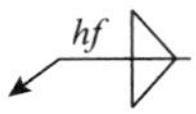	双面角焊缝
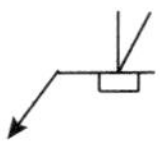	加垫板的单 V 型坡口焊缝		加垫板的双 V 型坡口焊缝

续表

	现场加垫板的双 V 型坡口焊缝		现场加垫板的单 V 型坡口焊缝
	双面坡口焊		单面坡口围焊
	2mm 钝边，2mm 间隙，角度为55°的单面坡口围焊		角度为60°的双面坡口三边焊
	带钝边的单面坡口围焊		间隙为2mm的 I 型焊缝
	双面都间断焊，焊50mm，留100mm		

8. 钢结构型钢中字母表示什么？

钢结构型钢中字母的含义见表2-1-3。

表2-1-3 型钢字母含义表

HN	窄翼缘 H 型钢	H．S．B	高强度螺栓
HM	中翼缘 H 型钢	D	圆钢
HW	宽翼缘 H 型钢	Φ	管子
十	十字型钢	T	钢板厚度
口	箱型钢或者方钢	L	角钢
H	焊接 H 型钢	I	工字钢
C	槽钢	M	螺栓

第二节　钢结构预制

1. 钢结构预制前要做哪些准备工作？

（1）熟悉施工图纸及有关技术资料，研究施工措施；

（2）检查材料有无裂纹、疤痕、分层和变形等缺陷，并进行必要的处理；

（3）检查各种量器具的完好性，进行预制前的安全教育工作；

（4）根据施工需要准备各种胎具、夹具。

2. 钢结构预制需要哪些基本的工具？

准备预制用的各种工具，如样冲、手锤、盘尺、卷尺、水平尺、角尺、粉线、石笔、记号笔、画针、玻璃管水平仪等。

3. 板类零件如何排版下料？

（1）首先，根据二次图纸及板的材料清单统计每种规格板的面积及重量；

（2）根据板的理论面积到供应部门领取相当面积的钢板材料；

（3）考虑到板材的规格和材料的利用率，板零件在排版时要注意节省材料；

（4）在钢板上排版前，先在纸上根据板的零件图纸模拟排版几次，以求达到材料的最大使用效率，如图2-1-8所示；

（5）在最终确定最佳排版图后才在实物上进行划线排版，排版时要考虑切割余量，每个排版完的图纸要进行标识移植，保证图纸零件编号与实物一一对应；

（6）带孔的连接板按照图纸要求划好线后，先用样冲打眼，检查合格后才进入到下道工序。

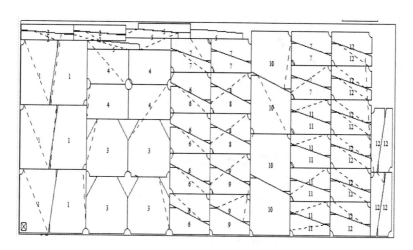

图2-1-8　板材排版下料示意图

4. 型钢如何下料组对?

(1)将需要下料的型钢根据图纸按同规格同尺寸依次摆放在事先准备好的平台上，型钢与型钢的间距合适为宜，方便人员操作，如图2-1-9所示;

图2-1-9　型钢下料摆放图

(2)以左边为基准，根据图纸上标识的零件号，分别从基准端测量相应的尺寸，并在实物上用划针——标识出来；

（3）根据图纸上的零件编号，在实物上分别对号入座，并点焊在实物上，所有零件组对完毕，应检查零件的数量和尺寸是否满足图纸要求，检查合格后方可进入到下一道工序；

（4）测量用的工具要完好，测量工具按照要求要有相应的检测报告。

5. 焊接 H 型钢如何下料组对？

（1）每件焊接 H 型钢由两块相同的翼板和一块腹板组成，应在整个工程范围内对同种规格的板料进行统一排版，以提高材料的利用率。

（2）下料采用数控切割机火焰切割，对于每一直条的两边，必须同时切割，且应一次切好，以免造成弯曲和切割缺口等。

（3）凡需要拼接的板料，必须先埋弧自动焊拼接，并经无损探伤合格（所有拼接焊缝为一级焊缝），矫平拼缝，方可下料。

（4）翼缘板拼接缝和腹板拼接缝的间距不应小于 200mm。翼缘板拼接长度不应小于 2 倍板宽；腹板拼接宽度不应小于 300mm，长度不应小于 600mm。

（5）根据成型后的焊接 H 型钢的尺寸允差，现规定腹板的下料允差（h 为 H 型钢高度）：$h < 500$ 时为 $\pm 1mm$；$500 < h < 1000$ 时为 $\pm 2mm$；$h > 1000$ 时为 $\pm 3mm$。考虑到焊接收缩，翼板的下料允差为 $0 \sim 2mm$；每根焊接 H 型钢在长度方向上留 30mm 余量（此余量在构件组焊工序中去除）。

（6）下料后，若板料受热变形较大，须在组对前先进行矫平。

（7）矫正合格的翼缘板先水平放在平铺好的平台上，用粉线划出钢板的中心线，然后再把腹板垂直放在腹板的中心线上，使之成为倒 T 型，点焊之前，先检查腹板的垂直度，合格后才多点点焊。

（8）再把另一块合格的翼缘板平铺在平台上，用组对好的 T 型钢放置在翼缘板上，使之成为一个工字型，检查垂直度、工型钢的高度、腹板的偏心度，合格后方可逐一多点点焊，然后再进入到下道工序。

（9）焊接 H 型钢组对尺寸精度要求见表 2-1-4。

表 2-1-4　焊接 H 型钢组对尺寸精度要求表

焊接 H 型钢组对尺寸示意	精度要求
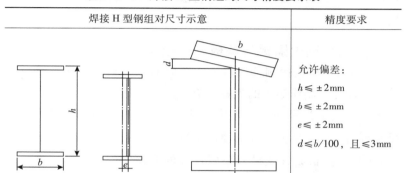	允许偏差： $h \leqslant \pm 2mm$ $b \leqslant \pm 2mm$ $e \leqslant \pm 2mm$ $d \leqslant b/100$，且 $\leqslant 3mm$

6. 箱型钢如何下料?

（1）下料采用数控切割机火焰切割，对于较薄的筋板，也可视加工能力采用剪板机下料。

（2）原则上箱形柱的翼板、腹板不拼接。但尺寸超长或不得已，凡长度要拼接的翼、腹板料，必须先自动焊拼接，并经无损探伤合格(所有拼接焊缝为一级焊缝)，矫平拼缝，方可下料。拼接时，焊缝应能避开柱节点位置，宜在节点区隔板上下 500mm 以外，翼、腹板的拼接缝必须相互错开 200mm 以上。

（3）翼板、腹板的下料，对于每一直条的两边，必须同时切割，且应一次切好，以免造成弯曲和切割缺口等。

（4）对于每块翼、腹板的长度，应酌放余量(包括加工余量、焊缝收缩余量等)，现规定为 50mm。

（5）数控切割的气割焊缝宽度一般为：板厚 $\delta \leqslant 32mm$ 时，为 $2mm$；板厚 $\delta > 32mm$ 时，为 $3mm$。排版时，应考虑切割余量。

（6）考虑到焊缝宽度方向的收缩，箱形柱腹板、翼板的下料宽度取正公差 $0 \sim 2mm$，不得取负公差。

（7）检查并调平、调直所有板料的平面度、直线度后，用半自动切割机，对翼、腹板两侧进行坡口加工。钝边、坡口角度应按图纸要求。

7. 箱型钢内隔板与垫板、衬板如何组对？

（1）为了精确控制几何尺寸，按照隔板与垫板、衬板组对后的外形尺寸，制作矩形的靠模，靠模两直角边为固定侧，点焊在钢平台上固定，另外两直角边为活动侧，根据隔板尺寸的不同，可调节活动侧，装配应在靠模内上进行；

（2）将隔板放置在已调整好尺寸的靠模中间，四周按图纸尺寸留出垫板、衬板的距离；

（3）将垫板和衬板各分别放在隔板上面，注意将平直面、即加工面朝外侧，紧贴靠模的边缘，板间应贴紧、平整，间隙小于 $0.5mm$，点焊固定；

（4）翻转 $180°$，重复上述工序，完成组对；

（5）取出点固好的隔板组，检查尺寸及四角是否垂直，合格后，方可批量生产；并经常抽查靠模及隔板组尺寸，以防走形；

（6）组对示意图如图 2-1-10 所示。

8. 箱型钢翼缘板与腹板的 U 型结构如何组对？

（1）将一翼板吊至组立机上，作为下翼板进行组立；

（2）以其中一端作为基准端，划出 $5mm$（图纸尺寸）作为端面加工量，然后作出端面基准线；

（3）以端面基准线为基准，划出隔板的纵向、横向位置线；

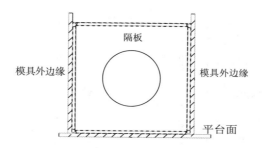

图 2-1-10　箱型钢内隔板与垫板、衬板组对示意图

（4）装配、点焊各内隔板及端板等，用直角尺检查测量，使各内隔板与下翼板垂直，隔板两侧的垫板均应点固并紧贴翼板面；若间隙＞0.5mm 时，应进行手工焊补；

（5）以端面基准线为基准，将两腹板分别吊至内隔板两侧，坡口面向外；在吊装时，平台上的翼缘板两侧要焊上固定胎具，固定胎具的尺寸为箱型柱的外边缘尺寸，固定胎具每隔 2m 左右放置一个，然后顺着隔板与胎具之间的间隙缓慢放置腹板；

（6）利用定位夹具从基准端开始，将两腹板从一端至另一端紧贴隔板衬条边缘，并用手工焊将两腹板与内隔板组的垫板、衬板点固，保证间隙＜0.5mm；

（7）当两隔板间距＞3m 以上时，两腹板之间应加装支撑（支撑可用 φ89 的焊接管）；

（8）按图纸尺寸，在下翼板与腹板形成的直角处组对衬板，保证衬板与腹板、翼板贴紧，以保证自动焊的质量；

（9）在两侧腹板上组对上衬板，上衬板是用于上翼板与腹板自动焊用的衬板，由于此时上翼板尚未组对，要确保衬板与翼板边缘平齐，这样才能既便于上翼板组对，又保证了自动焊的焊接质量；

（10）组对示意图如图 2-1-11 所示。

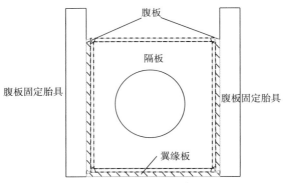

图 2-1-11　箱型钢翼缘板与腹板组对示意图

9. 箱型钢封盖前的最后一块翼缘板与隔板如何组对?

（1）在最后一块翼缘板封盖之前箱型柱内部要进行内部防腐,首先进行机械除锈,等级达到 St3 级,然后再进行油漆防腐,完成后要让监理进行检查,合格后方可封盖(停止检查点);

（2）在组立机上,以端板一端为基准,将上翼板吊至 U 形结构上,并从基准端开始,向另一端均匀点固上翼板与两腹板的连接缝;特别在隔板处,更应压紧上翼板后再点固,防止缝隙过大,影响焊接质量;

（3）箱型钢如图 2-1-12 所示。

图 2-1-12　箱型钢

10. 型钢如何拼接？

（1）按图2-1-13所示尺寸加工坡口，坡口留1～2mm钝边，拼装前对待焊区域用砂轮打磨净，按图示拼装尺寸进行45°斜接。

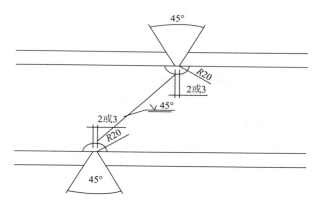

图2-1-13 型钢拼接坡口加工示意图

（2）腹板上要锁口，焊接必须由合格焊工按照合格工位进行施焊，先焊接腹板对接缝，坡口面焊满后背面碳弧气刨清根，砂轮打磨表面渗碳层后再焊接成型。翼板对接焊缝采用与腹板相同的焊接方式，焊接根部焊道时注意熔敷金属应与焊道两侧熔合良好，焊缝要求为全熔透焊缝。

（3）焊接规范：电流为160～240A；电压为27～30V；焊接速度为12～30cm/min；焊丝为药芯焊丝或者实芯焊丝；焊丝直径为1.2mm。

（4）腹板处过焊孔采用CO_2气保焊堵孔，表面要与焊道相平。

（5）焊接完焊工自检合格后交质检员检验，表面检合后探伤检测人员进行内部超探检验。探伤比例为100%。

11. 成片钢架的预制流程是什么？

（1）能够提供符合组装要求的场地，并要求组装处场地平整坚实，可使用钢管、道木、型钢等作为临时组装的支撑，其间距满足组装要求，并在组装前对其的水平度进行检查、测量、调整。

（2）需要成片的单件构件或者零件的几何尺寸合格，满足成片的先前条件。

（3）把需要成片的两根立柱平放在事先准备好的平台上，立柱的中心间距要满足图纸的要求，为了防止立柱不必要的移动，在立柱两侧加焊临时支撑固定立柱。进行找平（水平度偏差小于3mm），并测量对角线和跨度尺寸，合格后才进行下道工序。

（4）先画出立柱一米标高线，根据一米标高线组装横梁，横梁组装一定要按照图纸的尺寸进行，组对横梁及斜撑（横梁及斜撑均为组合件，焊后经矫形检验合格后方可组对），先组对柱顶、柱底及分段处的横梁，然后再依次组对其余横梁及斜撑。尺寸合格后交给焊接。

（5）横梁安装焊接结束后将挡块拆除，再次检查立柱间距、水平度及对角线尺寸是否符合要求，合格后进行所有焊道防腐工作。

（6）钢架成片如图2-1-14所示。

图2-1-14　钢架成片示意图

（7）钢构件成片拼装允许偏差见表 2-1-5。

表 2-1-5　钢构件成片拼装允许偏差表

构件类型	项　目	允许偏差/mm
构件平面 总体拼装	各楼层柱距	±4.0
	相邻楼层梁与梁之间距离	±3.0
	各层间框架两对角线之差	$H/2000$，且不应大于 5.0
	任意两对角线之差	$\sum H/2000$，且不应大于 8.0

12. 成框钢架的预制流程是什么？

（1）能够提供符合组装要求的场地，并要求组装处场地平整坚实，可使用钢管、道木、型钢等作为临时组装的支撑，其间距满足组装要求，并在组装前对其水平度进行检查、测量、调整；

（2）分别组焊完成的片状结构，经检验合格，在成框组装前，以其中一片为基准，先在组装胎具上按照侧端的实际尺寸划出柱顶、分段处、柱底等处横梁的位置；

（3）检查尺寸无误后，将上述部位横梁与该片组对及点焊，并将其找平找正；

（4）在上述截面加十字支撑进行加固（也可用倒链固定），横梁上部应加定位板，如图 2-1-15 所示；

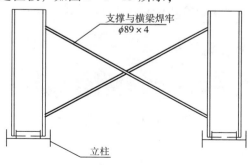

图 2-1-15　十字支撑加固示意图

（5）吊起另一片，吊装时可分一段保持平稳起吊，然后按施工图进行组对横梁、斜撑；

（6）经检查，各部分尺寸均符合图纸要求后，再进行点固和焊接；

（7）横梁安装焊接结束后再次检查水平度及对角线尺寸，符合要求后进行加固拆除，进行焊缝的防腐工作；

（8）成框钢架如图 2-1-16 所示。

图 2-1-16　钢架成框图

13. 如何组对管廊桁架?

(1)管廊桁架组对时一定要按照规范的要求起拱;

(2)要起拱的主桁架,下料时先计算起拱后的长度,然后才开始下直段;

(3)直段下好后,要按照起拱方面的反面进行加热起拱,起拱用氧乙炔火焰加热,加热要按照波浪形加热,加热要均匀,加热完以后自然冷却,一直起拱到规范要求的数值为止;

(4)起拱完以后按照成片与成框的流程进行组对焊接。

14. 如何组对人字梁?

(1)能够提供符合组装要求的场地,并要求组装处场地平整坚实,可使用钢管、道木、型钢等作为临时组装的支撑,其间距满足组装要求,并在组装前对其的水平度进行检查、测量、调整;

(2)按照图纸要求,先把人字梁的角度线在平台上画出来,根据角度线放置所需要的梁,在组装之前,所有的零构件要检查合格;

(3)定位完成后,测量其水平度、跨距、对角线和垂直度,精度应按照相关规范的要求;

(4)组装完成后交给焊接,焊接完成后再测量其水平度、跨距、对角线和垂直度,如果不合格,再进行调整,直到符合规范为止;

(5)人字梁如图 2-1-17 所示。

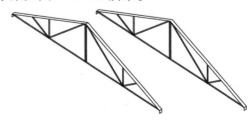

图 2-1-17　人字梁

15. 钢结构制作组装的质量允许偏差要求有哪些？

钢结构制作组装的允许偏差见表2-1-6。

表2-1-6　钢结构制作组装允许偏差表

序号	项　目		允许偏差/mm
1	对口错边		$T/10$，且不大于3.0
2	间隙		±1.0
3	缝隙		1.5
4	高度		±2.0
5	垂直度		$B/100$，且不大于3.0
6	中心偏移		±2.0
7	型钢错位	连接处	1.0
8		其他处	2.0
9	箱型截面宽度		±2.0
10	箱型截面垂直度		$B/200$，且不大于3.0

第三节　钢结构安装

1. 钢结构安装前要做哪些准备工作？

（1）熟悉施工图纸及有关技术资料，研究施工措施；

（2）熟悉并检查各部件的几何形状、尺寸及相互间的位置和连接形式；

（3）根据施工需要准备各种胎具、夹具；

（4）铺设拼装平台；

（5）准备安装用的垫铁、连接螺栓等；

（6）检查已加工的各预制构件及零件，其数量、规格是否符

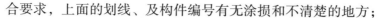

合要求，上面的划线、及构件编号有无涂损和不清楚的地方；

（7）检查各构件及零件的弯曲处，有无裂纹、疤痕、分层等缺陷，并进行必要的处理；

（8）布置施工场地，将施工用的各种构件及材料（包括施工手段用料）分别按规格及施工顺序堆放整齐，并检查施工现场有无障碍物妨碍工作，如有架空电线不能拆除时，应采取防护措施。

2. 钢结构安装需要哪些基本的工具?

施工阶段的工具，主要有如扳手、样冲、手锤、盘尺、卷尺、水平尺、角尺、线垂线、石笔、油漆笔、玻璃管水平仪、经纬仪、倒链等。

3. 基础验收时需要做好哪些测量检查工作?

对基础验收的测量检查主要有：基础的坐标位置；不同平面的标高；平面外形尺寸；凸台上平面外形尺寸和凹穴尺寸；平面的水平度；基础的铅垂度；地脚螺栓的标高和中心距；地脚螺栓孔的中心位置，深度和孔壁垂直度。

4. 钢结构安装前对基础验收检查项目和允许偏差要求有哪些?

钢结构安装前对基础验收检查项目和允许偏差要求见表2-1-7。

表2-1-7 基础验收检查表

项　　目	允许偏差/mm
塔架结构的基础中心	20.0
塔架主肢基础支承面中心	5.0
框架或管廊柱子基础支承面中心	3.0
框架或管廊相邻两钢柱基础中心间距	±3.0
一次浇筑的基础支承面标高	0 -10

项　　目		允许偏差/mm
无垫铁安装支承面	标高	±3.0
	水平度	$L/1000$
支承面埋件	标高	+5.0 0
	平直度　　$L \leqslant 500$	3.0
	平直度　　$L > 500$	5.0
垫铁或混凝土 垫块支承面标高	同一支承面	±1.0
	不同支承面	±2.0
地脚螺栓	螺栓中心距(在根部和顶部 两处测量)	±2.0
	螺栓中心对基础轴线距离	2.0
	顶端标高	+10 0
	螺纹长度	+30 0

注：L 为支承面长度。

5. 垫铁布置有哪些要求?

（1）垫铁与基础之间应接触良好。每一垫铁组应尽量减少垫铁的块数，且不宜超过五块，并少用薄垫铁。放置平垫铁时，最厚的应放在下面，最薄的且不小于2mm 的放在中间，并应将各垫铁相互定位焊牢。

（2）每一组垫铁应放置整齐平稳，接触良好，柱子调平后，每组垫铁均应压紧。

（3）柱子调平后，垫铁端面应露出柱底板外缘，平垫铁宜露出 10～30mm，斜垫铁宜露出 10～55mm。垫铁组伸入底板的长度应超过地脚螺栓的中心。

6. 钢结构框架安装工艺流程是什么？

钢结构框架安装工艺流程如图 2-1-18 所示。

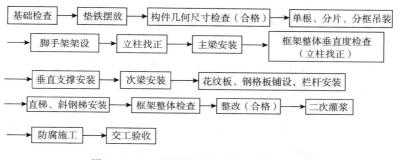

图 2-1-18　钢结构框架安装工艺流程图

7. 钢柱如何安装？

（1）安装前应对基础进行详细的检查。

（2）检查钢柱的质量是否合格，并检查编号是否与图纸相符。特别注意柱子牛腿的方向，避免错误。

（3）在柱子与底板上弹好中心线，并在基础上弹出中心线作为安装基准线。

（4）将立柱吊到基础上后，进行找正，使底座中心与基础中心线重合（注意不要撞坏地脚螺丝）。

（5）用经纬仪将立柱找正，使柱子保持垂直，中心线与基础中心线对齐。

（6）立柱找正时，在底座面与基础面间应均布地加放垫铁，垫铁数量不超过 5 块。标高及垂直度合格后，将螺帽拧紧，垫铁焊牢。

8. 钢梁如何安装？

（1）钢梁安装按由低到高的顺序进行，先安装结构主梁，边上梁边检查并调整立柱垂直度，待一个单元的主梁全上完后再进行满焊连接或高强螺栓连接固定。平面次梁按由低到高的顺序进行安装。

（2）对无牛腿连接的横梁，为加快安装进度，安装前在柱子上相应位置的下平面焊接一块扁铁或角钢，以便横梁的安装就位，并检查横梁所在跨距是否满足横梁安装，如果间距过小，应根据实际尺寸对横梁进行尺寸修改，就位后检查横梁的水平度及中心位置偏移量。检查合格后，进行点焊，点焊要牢固。

（3）对一些结构形式，横梁安装时可以在梁两侧上部焊接挡板，吊装就位后按照第2条方法找平，等检查完毕后及时安装夹板、紧固件或焊接。

9. 钢架安装有哪些要求？

（1）钢架的安装应尽量采用扩大拼装及综合安装的方法进行，在综合安装的结构部分中，可包括附属设备及构件。

（2）如果条件不具备，则分别进行单根吊装，当立柱初步找正后，即可将其连接梁装上，装好安装螺栓，以便将主要构件吊装后进行二次找正。

10. 钢架安装如何找正？

（1）安装过程中应以钢柱上 1m 的标高线为基准测量各层平面梁的标高、水平度，在立柱（单根/成片/成框）安装后应立即进行找正、找平（标高）。立柱的找正使用两台经纬仪从两个垂直的方向同时进行，并使用垫铁或倒链、千斤顶等进行调整。立柱的找平使用水准仪或透明塑料管，通过调整垫铁组的高度来调整。

（2）用经纬仪检查柱的垂直度，并进行调整。

（3）检查各柱中心线是否与底板中心线对齐。

（4）在柱的下部及顶部检查钢架各部分的对角线，但钢尺的两端必须保持水平，以免发生测量误差。

（5）安装各横梁及其他构件时，仍以一米标高的基准线为准，用玻璃管水平仪测量其水平度，保证其水平。

（6）二次找正后，即进行固定各连接处（如拧紧螺栓或施焊）。

（7）安装找正后，应作出施工记录。

（8）钢架安装如图2-1-19所示。

图2-1-19　钢架安装示意图

11. 钢架如何成片安装?

（1）进行分片安装的框架，吊装前应检查两根柱子柱底板开孔之间的间距是否与相应基础地脚螺栓之间的间距相符，如有偏差，看是否在允许偏差范围内，如果尺寸超差应检查柱子的直线度是否在焊接时变形，并对其进行矫正，并用钢尺检查对角线偏差。

（2）钢结构成片吊装后，在没有安装横梁之前应用两根晃绳（配以倒链等）将其固定，以防止倾斜倒塌，找正时还可以通过调节晃绳的长度来进行；同时检查第一层横梁的标高是否满足图纸要求，如果偏差超出允许范围，可通过垫铁进行找正，用经纬仪进行检测，找正后立即将地脚螺栓拧紧。

（3）成片钢架的施工程序如图 2-1-20 所示。

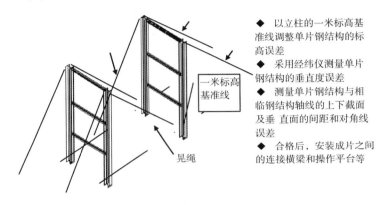

◆ 以立柱的一米标高基准线调整单片钢结构的标高误差

◆ 采用经纬仪测量单片钢结构的垂直度误差

◆ 测量单片钢结构与相临钢结构轴线的上下截面及垂直面的间距和对角线误差

◆ 合格后，安装成片之间的连接横梁和操作平台等

一米标高基准线

晃绳

图 2-1-20　钢架成片安装示意图

12. 钢结构模块化施工的意义是什么？

钢结构模块化施工可大量节约人工，有效降低造价，缩短工期；可提高制作的精度；安装时可减少高空作业以及可以合理安排吊装作业。

13. 钢结构模块化施工的原则是什么？

（1）符合设计要求；

（2）满足预制场地要求；

（3）减少高空作业，增加地面预制深度；

（4）满足模块的吊装和运输要求。

14. 有哪些结构可模块化施工？

依据石化工程来说可以进行模块化施工的结构有：管廊结构、厂房结构、框架结构、大跨度的结构、海洋平台结构、大型管桁架、加热炉结构以及火炬塔架结构等。

15. 钢架成框安装有哪些注意事项?

(1)对于进行分框安装的框架，除了符合成片安装的要求外，还应对框架空间对角线进行检查。用钢尺分别从对角线柱子的底端和另一个柱子的顶端测量其尺寸，分别作记录，都合格后方可进行下一道工序。

(2)成框吊装之前应仔细检查底座板螺栓孔是否与基础螺栓孔的尺寸相符，确认无误后方可进行吊装。就位后立即通过垫铁调整对框架进行找正，用经纬仪进行检测，检查合格后将地脚螺栓拧紧。

(3)施工程序如图2-1-21所示。

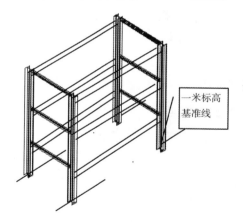

一米标高基准线

◆ 以立柱的一米标高基准线调整成框钢结构的标高误差
◆ 采用经纬仪测量每根柱子的垂直度误差
◆ 合格后，安装框架与框架之间的主梁和次梁等

图2-1-21　钢架成框安装示意图

16. 分段成框安装注意事项有哪些?

(1)分段成框安装要满足钢架成框安装的注意事项;

(2)在成框组装前要用钢尺分别测量第一节柱顶的截面尺寸和第二节柱底的截面尺寸，如果误差大，要进行调整，直到满足规范要求为止;

（3）第二段成框框架的组装几何尺寸要根据第一段成框框架的几何尺寸进行组装（轴线尺寸、垂直度、平面度、对角线）；

（4）在安装之前要分别在第一段柱子的柱顶和第二段柱子的柱底设置吊耳，以方便吊装固定；

（5）吊装固定以后，要用经纬仪测量柱子的垂直度，用玻璃管水平仪测量水平度，调整合格后，再进行下道工序。

17. 高强度螺栓如何进行试验或复验？

高强度螺栓按照规范要求，在使用前要进行摩擦板的抗滑移系数试验和螺栓的复验。摩擦板的抗滑移系数试验按照结构的钢结构吨位每2000t一批做试验，工厂和现场要分别各做一次，每批三组试板，试验板由结构厂提供，做试验用的螺栓必须是这个项目用的螺栓。高强度螺栓复验按照螺栓的生产批次每批抽样8套进行复验，复验一般由螺栓的买家进行复验。做试验或者复验的机构必须是法定的合格的机构。

18. 高强度螺栓的种类有哪些？

高强度螺栓分为扭剪型高强螺栓和大六角高强螺栓。大六角螺栓属于普通露丝的高强度级，而扭剪型高强螺栓则是大六角螺栓的改进型。大六角螺栓由一个螺栓、一个螺母、两个垫片组成。其性能等级分为8.8S和10.9S两种。扭剪型高强螺栓由一个螺栓、一个螺母、一个垫片组成，性能等级只有10.9S一种。

19. 高强度螺栓连接检验有什么要求？

高强度螺栓连接摩擦面应平整、干燥，表面不得有氧化皮、毛刺、焊疤、油漆和油污，用钢丝刷沿受力垂直方向去除浮锈，并不得在雨天施工。大六角头高强度螺栓施工所用的扭矩扳手，使用前必须校正，其扭矩误差不得大于5%，合格后方准使用。校正用的扭矩扳手，其扭矩误差不得大于3%。

20. 高强度螺栓施工工艺有什么要求？

（1）高强度螺栓施工要严格按照从中间向四周扩散的顺序，执行初拧、终拧的施工工艺程序，严禁一步到位的方法直接终拧。初拧扭矩为施工扭矩的 50% 左右。

（2）一个接头上的高强度螺栓，应从螺栓群中部开始安装，逐个拧紧，拧后的高强度螺栓应用颜色在螺母上涂上白色标记，然后按规定的施工扭矩值进行终拧。终拧后的高强度螺栓应用黄颜色在螺母上涂上标记，防止漏拧。

（3）安装高强度螺栓时，严禁强行穿入螺栓（如用锤敲打）。如不能自由穿入时，该孔应用铰刀进行修整。修孔时，为了防止铁屑落入板迭缝中，铰孔前应将四周螺栓全部拧紧，使板迭密贴后再进行。严禁气割扩孔。

（4）长期保管超过六个月的或者保管不善而造成螺栓生锈及沾染脏污等，可能改变螺栓的扭矩系数或性能的高强度螺栓，应视情况进行清洗、除锈和润滑等处理，并对螺栓进行扭矩系数或预拉力检验，合格后方可使用。

21. 高强度螺栓安装注意事项有哪些？

（1）高强度螺栓连接安装时，在每个节点上应穿入临时螺栓和冲钉。

（2）不得用高强度螺栓兼作临时螺栓，以防损伤螺纹引起扭矩系数的变化。

（3）对钢柱、梁等安装精度进行确认无误后，方可进入高强度螺栓安装阶段。

（4）高强度螺栓的安装应在结构构件中心位置调整后进行，其穿入方向应以施工方便为准，并力求一致。高强度螺栓连接副组装时，螺母带圆台面的一侧应朝向垫圈有倒角的一侧。大六角头高强度螺栓连接副组装时，螺栓头下垫圈有倒角的一侧应朝向螺栓头。

（5）安装高强度螺栓时，构件的摩擦面应保持干燥，不得在雨中作业。

（6）六角头高强度螺栓拧紧时，只准在螺母上施加扭矩。

（7）高强度螺栓的初拧、终拧应在同一天完成。

22. 钢结构安装的质量要求有哪些?

钢结构安装的质量要求见表 2-1-8。

表 2-1-8　钢结构安装允许偏差表

项　目		允许偏差/mm
柱轴线对行、列定位轴线的平行偏移和扭转偏移		3.0
柱实测标高与设计标高之差		±3.0
柱直线度		$H/1000$，且不大于 15.0
柱垂直度	$H<12000$	$H/1000$，且不大于 10.0
	$12000 \leqslant H < 24000$	$H/1000$，且不大于 20.0
	$24000 \leqslant H < 36000$	$H/1000$，且不大于 25.0
	$36000 \leqslant H < 48000$	$\leqslant 30.0$
	$H \geqslant 48000$	$\leqslant 35.0$
相邻层间两柱对角线长度差		5.0
相邻柱间距离		±3.0
梁标高		±3.0
梁水平度		$L/1000$，且不大于 5.0
梁中心位置偏移		2.0
相邻梁间距		±4.0
竖面对角线长度差		15.0
任一截面对角线长度差		15.0

注：L 为梁的长度，H 为柱的高度。

第四节 劳动保护制作安装

1. 如何预制栏杆？

（1）栏杆的全部构件采用性能不低于 Q235B 的钢材制造。

（2）防护栏杆的高度：在离地高度小于 20m 的平台、通道及作业场所的防护栏杆高度不得低于 1050mm；在离地面高度等于或大于 20m 高的平台，通道及作业场所的防护栏杆不得低于 1200mm。

（3）栏杆结构宜采用焊接，当不便焊接时也可采用螺栓连接，但必须保证强度。

（4）扶手宜采用 $\phi(33.5 \sim 50)$ mm 的钢管，立柱宜采用不小于 50mm × 50mm × 4mm 角钢或 $\phi(33.5 \sim 50)$ mm 的钢管，立柱间隙宜为 1000mm。

（5）中间栏杆采用不小于 25mm × 4mm 扁钢或 $\phi16$ 的圆钢，横杆与上、下构件的净空距离不得大于 500mm。

（6）踢脚板宜采用不小于 100mm × 2mm 扁钢。如果平台设有满足挡板功能及强度要求的其他结构边沿时，可以不另设挡板。

（7）室外栏杆、挡板与平台间隙为（10 ~ 15）mm，室内不留间隙。

（8）防护栏杆如图 2-1-22 所示。

2. 如何预制梯子？

（1）在平台上按图纸尺寸进行放样，量出放样后侧板长度；

（2）根据放样后梯子坡度及踏步间距，做出样板；

（3）根据图纸及放样结果对侧板按踏步数量进行等分；

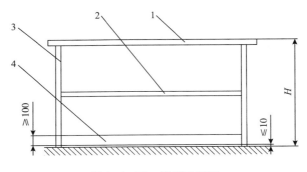

图 2-1-22　栏杆示意图

1—扶手；2—中间栏杆；3—立柱；4—踢脚板；H—栏杆高度

（4）用样板在等分线划出踏步组装位置线，按组合线点焊踏步；

（5）用钢尺测量斜梯或直梯的两对角线是否相等，进行必要的修正后再进行焊接。

3. 如何预制带花纹板的平台？

（1）在施工过程中，为了充分利用现有的施工机具，合理安排好施工，要求劳动保护所有预制工作全部在预制厂或工作平台上完成，加大预制深度，以提高工程质量及施工效率，减少高空作业。

（2）平台在下料时应尽量采用机械加工的方法，以提高施工质量。对弧形平台板要进行准确放样后方可进行切割，切割采用带轨道的自动切割机，对内外边缘角钢应采用型钢煨弯机制作。

（3）要在钢平台上进行准确划线、定位，做好反变形措施控制后方可进行焊接。

4. 如何安装栏杆？

平台安装的同时及时进行防护栏杆的安装，以便形成一个安全的作业面。栏杆按设计提供的图集及图纸要求进行施工，一般要求为：

（1）当平台离地高度小于 20m 时，选用 1050mm 高的栏杆；当平台离地高度大于等于 20m 时，选用 1200mm 高的栏杆。

（2）栏杆间距一般为 1m，最多不超过 1.2m，且在平台拐角处需增设一支立柱。

（3）栏杆拐角处应平滑无毛刺，圆角过渡，扶手管煨弯时防止瘪曲变形。栏杆要求安装一支焊接完一支，所有焊缝处需打磨光滑。

（4）栏杆安装在平台铺设完毕后进行，安装时使用吊车将预制完毕的栏杆或其材料吊装至平台钢格板上，由人工搬抬安装，劳动保护安装时生命绳不得拆除，并且人员的安全带应悬挂在生命绳上，安装完毕后拆除生命绳。

5. 如何安装梯子？

（1）斜梯及直梯在安装前需对其外形尺寸进行校核。

（2）直梯或斜梯与平台的连接形式严格按照设计提供的节点图集执行。

（3）采用焊接连接时必须保证安装就位后，及时焊接完，否则应设置明显警示标志："未完工程，禁止攀登"。采用螺栓连接时需保证连接螺栓的紧固度。

6. 如何安装花纹板与钢格板？

（1）根据设计要求的不同，平台铺板一般分为花纹钢板安装和钢格板铺设。

（2）铺设钢格板或花纹钢板前，需保证平台梁已安装焊接完，其安装尺寸符合设计要求，焊道打磨结束，防腐面漆已施工完。

（3）钢格板安装时应保证钢格板负载扁钢方向两端在支撑梁上的支撑长度，未保证的应采取加固措施。按照每层排版图编号根据施工需要，在地面进行挑选，捆扎后吊放到该层平台梁上面，并做好临时防护。依据排版图编号，由近及远进行钢格板铺设，边铺设边固定。

（4）平台钢格板的安装应在梁、柱连接节点焊接检验合格后进行，安装以楼梯间为起点向外扩展，安装前由施工单位向项目工程部办理钢格板安装许可证，并在作业区域内设置警戒及生命绳，在劳动保护安装完毕前警戒不得撤除，安装作业区域下方禁止交叉作业。安装时约5~6块作为1捆吊装至梁上或已安装的钢格板上，要求放置平稳固定。安装时人员以钢梁或已安装固定完毕的钢格板为站位，根据钢格板的大小2~4个人共同搬抬，作业时动作协调一致，拖动钢格板时使用麻绳捆绑，安全带系挂于生命绳上。钢格板到位后根据说明书的要求进行安装，如说明书中要求卡子固定，为避免施工过程中松动出现事故，安装时应对每块钢格板的四角进行绑扎固定，钢格板受损处镀锌层喷银色冷喷漆。对已安装完毕的钢格板如因配管等原因需要拆除，施工单位应向项目工程部办理钢格板拆除许可证，拆除期间设置相应警戒并及时恢复。

（5）钢格板与支撑构件的连接有两种方式：采用夹具固定或采用焊接固定。采用夹具固定时，需保证每块钢格板使用的安装卡子的数量符合设计要求，并且在施工中定期对夹具的紧固度进行检查，根据近年来的施工经验建议对采用夹具固定的钢格板安装增加点焊固定。采用焊接固定，接点在每块板两端支撑构件上不得少于2处，且间距不得大于900mm，每根中间构件上不得少于2处，焊缝长度不小于20mm。焊接处应喷无机富锌漆防腐。

（6）钢格板安装就位后，其预留安装开孔位置采用加盖板的方式进行防护。盖板设置需固定稳妥、不移不滑，并设有明显的标志。

（7）花纹钢板的铺设应平整，其平面度在 1m 范围内允许偏差为 6mm，花纹钢板间拼接焊缝需连续焊，平台铺板与内外圈梁断续焊（100/200）。平台低点需开 φ10 漏雨孔，数量约为 1 个/m²。

7. 直梯及斜梯安装前质量标准有哪些？

直梯及斜梯安装前质量允许偏差见表 2-1-9。

表 2-1-9 直梯及斜梯安装前质量允许偏差表

项　　目	允许偏差/mm
梯梁长度 L	±5.0
钢梯宽度	±5.0
钢梯安装孔距离	±3.0
钢梯纵向挠曲矢高	L/1000
踏步间距 a_1	±5.0

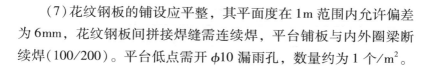

8. 直梯及斜梯安装质量标准有哪些？

直梯及斜梯安装质量允许偏差见表 2-1-10。

表 2-1-10 直梯及斜梯安装质量允许偏差表

项　　目	允许偏差/mm
直梯垂直度	L/1000，且不大于 15.0
斜梯踏步水平度	5.0
栏杆高度	±10.0
栏杆立柱间距	±10.0

注：L 为直梯长度。

9. 钢平台安装质量标准有哪些？

钢平台安装质量允许偏差见表 2-1-11。

表 2-1-11　钢平台安装质量允许偏差表

项　　目	允许偏差/mm
平台高度	±15
平台长度和宽度	±5
平台两对角线差	6
平台梁水平度	$L/1000$，且 $\leqslant 20$
平台支柱垂直度	$H/1000$，且 $\leqslant 15$
承重平台梁侧向弯曲	$L/1000$，且 $\leqslant 10$

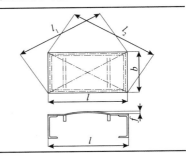

注：H 为平台支柱高度，L 平台梁长度。

第二章　塔　器

第一节　塔器安装

1. 塔的分类有哪些?

（1）按操作压力分类：加压塔、常压塔、减压塔；

（2）按单元操作分类：精馏塔、吸收塔、萃取塔、反应塔、干燥塔；

（3）按内部结构分类：板式塔、填料塔。

2. 板式塔的主要结构是什么样的?

板式塔是一种逐级（板）接触的气液传质设备，常见的板式塔有泡罩塔、筛板塔、浮阀塔、舌片塔等。塔内以塔板（塔盘）为基本构件，气体自塔底以鼓泡或喷射的形式穿过塔板上的液层，使气-液相密切接触而进行传质传热，两相的浓度呈阶梯式变化。板式塔的基本结构如图2-2-1所示。

3. 填料塔的主要结构是什么样的?

填料塔主要部件有塔体、填料及支承、液体分布器及再分布器、除沫器等。其主要结构如图2-2-2所示。

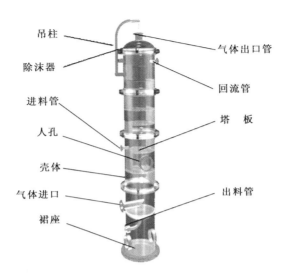

图 2-2-1　板式塔基本结构图

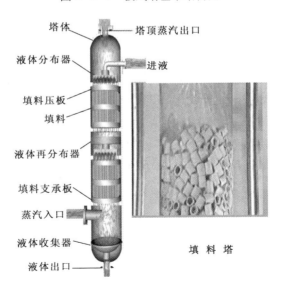

图 2-2-2　填料塔主要结构图

4. 塔器安装的工艺流程是什么？

塔器安装的工艺流程如图 2-2-3 所示。

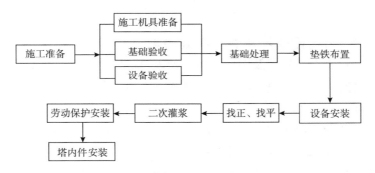

图 2-2-3　塔器安装的工艺流程图

5. 塔器安装前要做哪些准备工作？

（1）按规范和设计要求进行基础复测；

（2）在设备吊装就位前先在四个方向对称放置 4 组（或 8 组），找好标高和水平，待设备就位后再安装其他各组垫铁并找正找平；

（3）设备安装前垫铁设置正确，且顶标高已经调整到安装标高；

（4）设备安装前，应清除设备上的油污、泥土等脏物；

（5）吊装前核实管口方位，除根据设备标识方位角外，还需要根据图纸找出有代表性的管口作为安装就位时的方位标记，以避免安装方位错误；

（6）吊装设备时应保持平稳，就位后及时带上地脚螺栓螺帽；

（7）吊装时设备的接管或附属结构不得因绳索的压力或拉力而受到损伤；

（8）设备就位时各作业人员应密切配合，慢吊轻放，注意保护地脚螺栓丝扣。

6. 塔器安装需要哪些基本的工具？

榔头、水准仪、经纬仪、卷尺、塞尺、线坠、扳手等。

7. 塔器设备到货验收主要检查哪些方面？

（1）对照装箱单及图样，检查到货的箱号、箱数及包装情况。

（2）检查设备是否有出厂合格证或产品质量证明书。

（3）检查设备铭牌是否安装，铭牌上注明的设备名称、规格型号、压力容器类别、设计参数等技术资料是否符合《压力容器安全技术监察规程》及设计图样的要求。

（4）检查设备的中心线标记是否清晰正确，检查设备的方位标记、重心标记及吊挂点，对不能满足安装要求者，应予以补充。

（5）检查设备表面是否存在超标变形，是否存在机械损伤及锈蚀等缺陷。检查设备表面的油漆是否有不完整、脱落的现象，如有应补刷。

（6）设备裙座应平整。对采用地脚螺栓固定的设备，核对底座上的地脚螺栓孔的距离尺寸，应与基础地脚螺栓位置相一致。如采用预留孔，其预留孔应和底座地脚螺栓孔位置相一致。

（7）有现场内件安装要求的设备，检查内壁的基准圆周线，基准圆周线应与设备轴线相垂直，再以基准圆周线为准，逐层检查内件的组装质量。

（8）检查设备开孔、接管的数量、方位、标高是否与设计图样一致，检查法兰的密封面、密封垫的型式和尺寸应符合设计图样要求，密封面应光洁无污，无机械损伤、径向划痕、锈蚀等缺陷，并涂有防腐剂，接管法兰面有保护措施。设备的紧固螺栓、螺母加工尺寸应准确，表面光洁、无裂纹、毛刺、凹陷等缺陷，并涂有防腐剂。

（9）检查设备预焊件的数量、方位、标高、焊接质量应与设计图样一致。

8. 不同类型基础验收有哪些共性要求？

（1）基础施工单位在交付的基础上划出标高基准线、纵横轴线，有基础沉降观测要求的基础，应有沉降观测点；

（2）基础表面不得有油渍、疏松层、裂纹、蜂窝、空洞及露筋等缺陷；

（3）预埋地脚螺栓的螺纹无损坏，且应有保护措施。

9. 块体式混凝土基础质量验收有哪些要求？

块体式混凝土基础质量验收允许偏差见表2-2-1。

表2-2-1　块体式混凝土基础质量验收允许偏差表　　mm

项次	检查项目		允许偏差值	检验方法
1	基础坐标位置 X、Y(纵、横轴线)		20	全站仪或经纬仪、钢尺实测
2	基础各不同平面的标高		0 −20	水准仪、水平尺和钢尺实测
3	基础上平面外形尺寸		±20	水平尺、钢尺实测
	凸台上平面外形尺寸		0 −20	
	凹穴尺寸		+20 0	
4	基础上平面的水平度(包括地坪上需要安装设备的部分)	每米	5	水准仪、水平尺和钢尺实测
		全长	10	

续表

项次	检查项目			允许偏差值	检验方法
5	侧面垂直度		每米	5	经纬仪或吊线坠、钢尺实测
6	预埋地脚螺栓		标高(顶端)	+10 0	水准仪、水平尺和钢尺实测
			垂直度	2	
		立式容器	螺栓中心圆直径 D_1	±5	
			相邻螺栓中心距 B(在根部和顶部两处测量)	±2	
		卧式容器	纵向中心距 A	±5	水准仪、水平尺和钢尺实测
			相邻螺栓中心距 B(在根部和顶部两处测量)	±2	
			对角线长度之差 $\mid C_1 - C_2 \mid$	5	
7	地脚螺栓预留孔		中心位置	10	吊线坠、钢尺实测
			深度	+20 0	
			孔中心线垂直度	10	
8	预埋件		标高(平面)	+5 0	水准仪或水平尺、钢尺实测
			中心线位置	5	
			水平度	5	

注：X、Y 为相对轴线距离。D_1 为立式容器地脚螺栓中心圆直径。A 为卧式容器纵向地脚螺栓间距。B 为相邻地脚螺栓中心距。C_1 和 C_2 为卧式容器地脚螺栓对角线间距。

10. 框架式混凝土基础质量验收有哪些要求？

框架式混凝土基础质量验收允许偏差见表2-2-2。

表2-2-2 框架式混凝土基础质量验收允许偏差表 mm

项次	检查项目		允许偏差值	检验方法
1	基础坐标位置 X、Y（纵、横轴线）	基础	15	全站仪或经纬仪、钢尺现场实测
		柱、梁	8	
2	垂直度	每层	5	吊线坠、经纬仪、钢尺实测
		全高	$H_1/1000$ 且不大于 20	
3	标高	层高	0 −10	水准仪、水平尺和钢尺实测
		全高	0 −20	
4	截面尺寸		+8 −5	钢尺实测
5	平面度		8	用2m钢直尺检查
6	预埋设施中心线位置	预埋件	10	拉线、钢尺测量
		预埋地脚螺栓	2	
		预埋管	5	
7	预留孔中心线位置		10	拉线、钢尺测量
8	预埋管垂直度		$3h_1/1000$	吊线坠、钢尺测量

注：X、Y 为相对轴线距离。H_1 为结构全高。h_1 为预埋管高度。

11. 塔器安装前对基础还需做哪些处理？

放置垫铁处（至周边50mm）应铲平，铲平部位水平度允许偏差为2mm/m。需灌浆抹面的基础表面除需铲平的区域外，要铲好麻面，以100mm×100mm面积内有3~5个深度不小于10mm的麻点为宜，基础表面不得有油垢及疏松层。对于预留地脚螺栓孔，应检查孔内不得有异物和积水。

12. 垫铁布置有哪些要求?

(1)裙式支座每个地脚螺栓近旁应至少设置1组垫铁。垫铁组放置数量还要依设备底座规格或设备重量而定，大型设备、重要设备需进行核算。

(2)有加强筋的设备支座，垫铁应垫在加强筋下。

(3)相邻两垫铁组的中心距不应大于500mm。

(4)垫铁组高度宜为30~80mm。

(5)每组垫铁的块数不应超过5块。斜垫铁下面应有平垫铁，放置平垫铁时，最厚的放在下面，薄的放在中间。斜垫铁应对应相向使用，搭接长度不应小于全长的3/4。放置平垫铁时，最厚的放在下面，薄垫铁放在斜垫铁与厚垫铁之间，如图2-2-4所示。

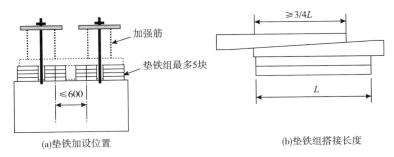

(a)垫铁加设位置　　　　　　　　(b)垫铁组搭接长度

图2-2-4　垫铁布置示意图

(6)找正后，各组垫铁均应被压紧，垫铁之间和垫铁与支座之间应均匀接触，垫铁应露出容器支座底板外缘10~20mm。垫铁组伸入支座底板长度应超过地脚螺栓。用榔头敲击检查，确认各组垫铁均被压紧。

（7）二次灌浆前垫铁组层间应进行焊接固定。

（8）与不锈钢、钛、镍、锆、铝制容器底座直接接触的垫铁组，上面应有一块尺寸与垫铁相同的相应材质垫板或涂刷中性涂料隔离。

13. 设备的标高及方位如何确认？

（1）以设备支座的底面作为安装标高的基准；

（2）方位除根据设备标识方位角外，还需要根据图纸找出有代表性的管口作为安装就位时的方位标记，以避免安装方位错误。

14. 如何测量塔设备垂直度？

（1）利用磁力线坠垂直度找正

对于中小型、无变径的立式容器可利用磁力线坠和直尺进行垂直度找正，磁力线坠分别在 0°、90°、180°、270°方位对容器进行测量，通过调整垫铁使设备垂直度符合规范要求。测量方法如图 2-2-5 所示。

（2）利用经纬仪垂直度找正

①利用设备基准线找正　经纬仪可应用于大中小型、变径立式容器垂直度找正。将经纬仪分别架设在设备 0°、90°、180°、270°方位，利用设备上下基准线进行垂直度测量，通过经纬仪可直接读出垂直度偏差如图 2-2-6 所示。

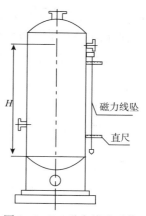

图 2-2-5　磁力线坠垂直度找正示意图

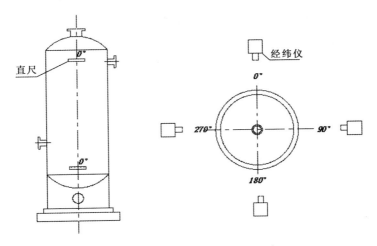

图 2-2-6　经纬仪垂直度找正示意图 1

②利用设备外边缘找正　利用设备外边缘作为基准线找正时，将经纬仪架设在设备正前方，将经纬仪调至设备边缘线处，在设备下端放置直尺使其垂直边缘线，用经纬仪从上往下观测，测量出偏差值，通过调整垫铁使设备垂直度符合规范要求如图 2-2-7 所示。

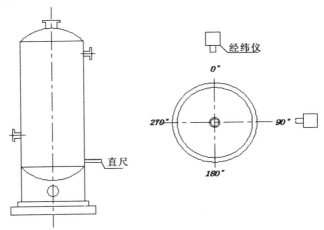

图 2-2-7　经纬仪垂直度找正示意图 2

15. 塔器安装质量标准要求有哪些?

塔器安装质量允许偏差见表2-2-3。

表2-2-3　塔器安装质量允许偏差表　　　　mm

项次	检查项目		允许偏差值	检验方法
1	支座纵、横中心线位置	$D_0 \leqslant 2000$	5	用吊线坠、经纬仪、钢尺现场实测
		$D_0 > 2000$	10	
2	标高		±5	
3	垂直度	$H \leqslant 30000$	$H/1000$	
		$H > 30000$	$H/1000$ 且不大于50	
4	方位	$D_0 \leqslant 2000$	10	
		$D_0 > 2000$	15	

注: (1) D_0 为设备的外直径, H 为立式设备两端部测点间的距离。

(2) 高度超过20m的设备, 其垂直度的测量工作不应在一侧受阳光照射或风力大于4级的条件下进行。

(3) 方位线沿底座圆周测量。

16. 二次灌浆前需做哪些检查工作?

设备找正合格后将垫铁切割整齐, 垫铁不应超出基础, 同组垫铁间相互焊牢 (严禁将垫铁与设备底座相焊), 杂物清理干净后进行灌浆, 灌浆层不应没过容器滑板和底座。

第二节　内件安装

1. 板式塔塔内件的主要分类有哪些?

板式塔的塔盘主要分为溢流式和穿流式两大类, 二者之间的区别就在于溢流式塔盘有降液管，而穿流式塔盘上的气液两相同时通过塔板上的一些孔道流动。

（1）穿流式塔盘处理能力较大，压力降较小，但效率及操作弹性较差；

（2）溢流式塔盘是炼油厂主要使用形式；

（3）溢流式塔盘由气液接触元件（如浮阀、筛孔、泡罩等）、塔板、降液管及受液盘、溢流堰等构成。

2. 塔盘板基本结构是怎样的？

塔盘板基本结构如图2-2-8所示。

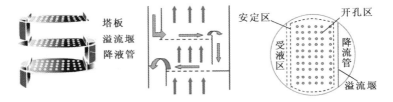

图2-2-8　塔盘板基本结构图

3. 常见塔盘类型有哪些？

泡罩塔盘、筛板塔盘、浮阀塔盘、舌型塔盘，如图2-2-9～图2-2-12所示。

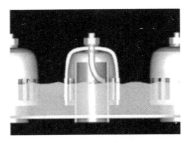

图2-2-9　泡罩塔盘

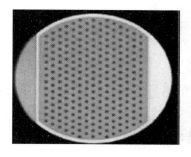

图 2-2-10 筛板塔盘

图 2-2-11 浮阀塔盘

图 2-2-12 舌型塔盘

4. 常见填料有哪几种?

散装填料和规整填料两大类。

5. 散装填料有哪几种?

散装填料是指以乱堆为主的填料,这种填料是具有一定外形的颗粒体,又称之为颗粒填料,根据外形分为环形填料(拉西环填料、鲍尔环填料、阶梯环填料)、鞍形填料、球形填料等,如图 2-2-13 所示。

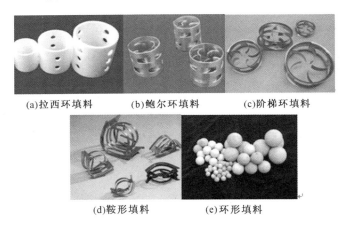

(a)拉西环填料　　(b)鲍尔环填料　　(c)阶梯环填料

(d)鞍形填料　　(e)环形填料

图 2-2-13　散装填料图

6. 规整填料有哪几种?

规整填料的种类按照结构可分为板波纹填料和丝网波纹填料,如图 2-2-14 和图 2-2-15 所示。使用时根据填料塔的结构尺寸,叠成圆筒形整块放入塔内或分块拼成圆筒形在塔内砌装。

图2-2-14 板波纹填料　　图2-2-15 丝网波纹填料

7. 塔内件开箱验收质量标准是什么？

塔盘部件质量验收标准见表2-2-4，塔盘板弯曲度允许偏差见表2-2-5。

表2-2-4 塔盘部件质量验收表　　mm

部件名称	长度允许偏差值	宽度允许偏差值	检验方法
塔盘板	0 -4	0 -2	钢尺检查
受液盘			
降液板			

表2-2-5 塔盘板弯曲度允许偏差表　　mm

塔盘板长度	筛板、浮阀、圆泡罩塔盘板	舌形塔盘板	检验方法
<1000	2	3	拉线、钢尺检查
1000~1500	2.5	3.5	
>1500	3	4	

8. 塔内件安装需要哪些基本工具？

扳手、水平管、尖嘴钳、12V的安全电源照明灯或蓄电式照明。

9. 塔内件安装前需做好哪些准备工作？

（1）技术准备：

①相关施工人员应熟悉和施工图有关技术规程、施工方案，施工前有专责技术人员进行施工方案交底；

②施工前应通过图纸会审，明确与设备施工有关专业工程配合的要求。

(2)施工准备：

①塔体人孔提前打开通风，用气体报警仪测试共检合格并办理进入受限空间作业许可证后，方可进入塔体内作业；

②施工机具准备齐全；

③登高作业人员体检合格；

④各项安全措施落实到位。

10. 塔盘安装有哪几种方法？

可采用卧装法和立装法：

(1)塔盘卧装，应在塔体水平度、支撑圈和支撑梁垂直度调整合格后进行；

(2)塔盘立装，应在塔体垂直度、支撑圈和支撑梁水平度调整合格后进行；

(3)塔盘立装或卧装的测量工作，不应在塔体一侧受强阳光照射下进行。

11. 塔盘安装的主要工艺流程是什么？

内部支撑件安装或复测→降液板安装→塔盘板安装→气液分布元件安装→清理杂物→最终检查→通道板安装→人孔封闭。

12. 塔盘支撑件的复测有哪些内容和要求？

塔内部支撑件检查项目和允许偏差见表2-2-6。

表2-2-6　塔内部支撑件检查项目和允许偏差表

项次	检查项目		允许偏差值/mm	每层最少测	检验方法
1	支撑圈和支撑梁水平度	$D_i \leq 1600\text{mm}$	3	6	玻璃管水准仪、钢尺、拉线均布检查
		$1600\text{mm} < D_i \leq 4000\text{mm}$	5	8	
		$4000\text{mm} < D_i \leq 6000\text{mm}$	6	12	
		$6000\text{mm} < D_i \leq 8000\text{mm}$	8	12	
		$8000\text{mm} < D_i \leq 10000\text{mm}$	10	12	
		$D_i > 10000\text{mm}$	12	12	
2	支撑圈间距	相邻两层之间　$D_i \leq 4000\text{mm}$	±3	4	
		相邻两层之间　$D_i > 4000\text{mm}$		6	
		20层中任意两层之间　$D_i \leq 4000\text{mm}$	±10	4	
		20层中任意两层之间　$D_i > 4000\text{mm}$		6	
3	支撑梁	平面度　300mm 范围内	1	任意	
		平面度　全长范围内	4/1000 且不大于5	a	
		中心线位置	2	a	
4	降液板的支持板	螺栓孔水平间距 T	≤3	4	
		支持板安装尺寸 M	≤ ±2M/100	4	
		支持板倾斜度 Q	≤ ±2G/100	4	
		支持板安装尺寸 R_1	≤ ±5R_1/1000 且不大于 ±6	4	
		支持板安装尺寸 R_2	≤ ±5R_2/1000 且不大于 ±12	4	
5	填料支撑结构件水平度		$2D_i/1000$ 且不大于4	b	

注：D_i 为塔内直径。L_1 为支撑梁（件）长度。G 表示降液板支持板的宽度。

　　a　支撑梁在全长范围内的平面度和中心线位置应每件检验。

　　b　填料支撑结构件的水平度应每件检验。

13. 降液板、塔盘支撑件安装检查项目和质量标准是什么?

降液板、塔盘支撑件安装检查项目和质量标准见表2-2-7。降液板的支持板安装偏差见图2-2-16,塔盘支撑件安装偏差见图2-2-17,降液板安装质量检查见图2-2-18。

表2-2-7　降液板、塔盘支撑件安装检查项目和质量标准表

项次	检查项目	允许偏差值/mm	每层最少测量点数	检验方法
1	降液板底边与受液盘上表面距离 F	±3	6	水平仪、钢尺检查
2	降液板底部立边与受液盘立边的距离 W	+5		
3	中间降液板间距 Y	±6	2	
4	降液板上部立边至塔内壁的径向最大距离 U	±6	1	
5	固定在降液板上的塔盘支撑件与支持圈的水平度	+1 -0.5	4	
6	固定在降液板上的塔盘支撑件间的距离 J	±3	4	

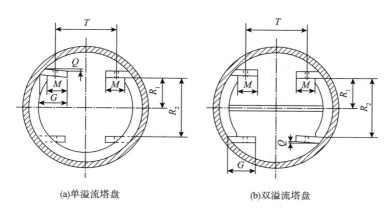

(a)单溢流塔盘　　　　　　　　(b)双溢流塔盘

图 2-2-16　降液板的支持板安装偏差示意图

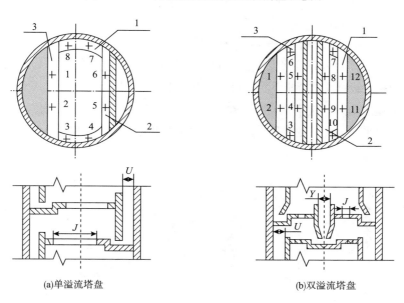

(a)单溢流塔盘　　　　　　　　(b)双溢流塔盘

图 2-2-17　塔盘支撑件安装偏差示意图

1—支撑圈；2—降液板支撑件；3—受液盘支撑件

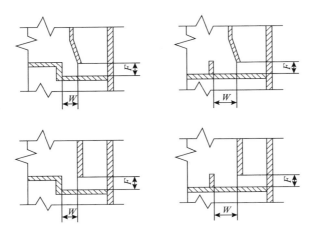

图 2-2-18　降液板安装质量检查示意图

14. 液体再分布装置安装需要注意什么?

　　液体再分布装置安装应牢固,喷雾孔径(液流管)的大小和距离应符合设计文件要求。溢流槽支管开口下缘应在同一水平面上,允许偏差为2mm。宝塔式喷头各个分布管应同心,分布盘底面应位于同一水平面上并与轴线相垂直,盘表面应平整光滑、无泄漏。液体再分布装置如图 2-2-19 所示,安装质量标准见表 2-2-8。

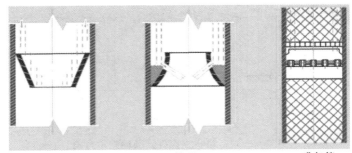

　　(a)锥体形　　　　　　(b)槽形　　　　　　(c)升气管
由于塔中部容易产生"壁流效应",所以在塔中部有时安装液体再分布装置

图 2-2-19　液体再分布装置示意图

表 2-2-8　液体分布装置安装质量标准表　　mm

部件名称		检查项目		
		水平度	中心线偏差值	安装高度偏差值
分布管/分布盘	$D_i \leqslant 1500$	3	3	3
	$D_i > 1500$	4		
溢流盘/溢流槽		$D/1000$ 且不大于 4	5	10

注：D_i 为塔内直径。

15. 塔盘安装人员应遵守哪些规定？

（1）一层塔盘的承载人数应符合表 2-2-9 的规定；

表 2-2-9　塔盘的承载人数规定表

塔内径/m	<2	2~2.5	2.5~3.2	3.2~4	4~5	5~6.3	6.3~8	>8
人数/个	2	3	4	5	6	7	8	9

（2）施工人员应穿干净的胶底鞋；

（3）人孔及人孔盖的密封面及塔底管口应采取保护措施；

（4）搬运和安装塔盘零部件时，应轻拿轻放，不得污染、不得变形损坏；

（5）施工人员除携带该层紧固件和工具外，不得携带多余的部件；

（6）每层塔盘安装完毕后，应进行检查，不得将工具等遗忘在塔内。

16. 塔盘板、受液盘等质量标准是什么？

塔盘板、受液盘等质量标准见表 2-2-10。

表 2-2-10　塔盘板、受液盘等质量标准表

项次	检查项目			允许偏差/mm	每层最少测量点数	检验方法
1	塔盘板	300mm 范围内的平面度		2	任意	水准仪、钢尺、拉线检查
	受液盘				6	
2	塔盘上表面水平度	$D_i \leq 1600mm$		4	10	
		$1600mm < D_i \leq 4000mm$		6	10	
		$4000mm < D_i \leq 6000mm$		9	10	
		$6000mm < D_i \leq 8000mm$		12	10	
		$8000mm < D_i \leq 10000mm$		15	10	
		$D_i > 10000mm$		17	6	
3	溢流堰	堰高	$D_i \leq 3000mm$	±1.5	6	
			$D_i \leq 3000mm$	±3	4	
		上表面水平度	$D_i \leq 1500mm$	3	6	
			$1500mm < D_i \leq 2500mm$	4.5	8	
			$D_i > 2500mm$	6	4	
4	浮动喷射塔盘	梯形孔底面的水平度		$2D_i/1000$	4	
		托板、浮动板平面度		1	10	
5	圆形、条形泡罩	与升气管同心度		3	10	
		齿根到塔盘上表面距离		±1.5		

注：(1)塔盘板包括筛板塔盘、浮阀塔盘、泡罩塔盘、舌形塔盘等。

　　(2)D_i 为塔内直径。

17. 浮阀塔盘安装后如何检查浮阀安装质量?

(1)检查浮阀是否可以自由上下运动,有无卡塞现象,可用手拍打塔盘确认浮阀是否有起伏。

(2)塔盘固定螺栓应紧固,卡子安装位置应准确,密封垫片搭接应均匀。浮阀、浮舌、浮动喷射塔板的浮动板应上、下活动

灵活。浮舌、舌片方向符合设计文件规定；

（3）浮动喷射塔板的浮动板应闭合严密。同一层塔盘板的泡罩位置应在同一水平面上并紧固均匀、牢固。

18. 泡罩安装有哪些质量要求？

泡罩安装时，应调节泡罩高度，使同一层塔盘所有泡罩齿根到塔盘板上表面的高度符合设计文件规定，允许偏差为 ±1.5mm。圆形泡罩安装后，泡罩与升气管的同心度不大于3mm。

19. 填料支撑件安装有哪些质量要求？

常用的填料支承装置有栅板、格栅板、波形板等。填料支撑结构安装后应平整、牢固，通道孔不得堵塞。规则排列填料支撑结构安装后的水平度不得大于 $2D_i/1000$，且不大于4mm，其中 D_i 为设备内径。

20. 规整填料安装有哪些质量要求？

规则排列的填料应靠塔壁按规定逐圈整齐排列，丝网波纹填料分块装填时，每层先填装靠塔壁侧一圈，然后逐圈向塔中间装填，每块用专用的夹具固定、压紧。填料盘与塔壁应无空隙，塔壁液流导向装置应完好。

21. 散装填料安装有哪些质量要求？

环形、鞍形、鞍环形等颗粒填料应干净并不得含有泥沙、油污、破碎填料和其他杂物，其排列方式、高度和充填的体积应符合设计文件要求。

第三节　塔器检修

1. 塔器检修工艺流程是什么?

塔器检修的工艺流程如图 2-2-20 所示。

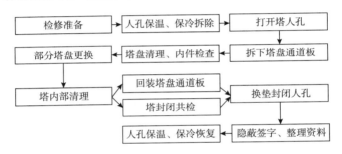

图 2-2-20　塔器检修工艺流程图

2. 如何正确拆卸人孔及设备口?

（1）人孔拆卸：

①人孔拆卸时，必须有开孔通知单、作业票和安全监护人。塔设备人孔拆卸时，应该先拆开顶人孔。

②垂直吊盖人孔拆卸时，应留 1#、2#、3#、4#四副上下对称布置（相邻隔90°）的螺栓最后拆除，如图 2-2-21 所示。首先拆除上述 4 个螺栓以外的其余螺栓，然后松动 1#螺栓，观察人孔与人孔盖缝隙处，如有物料流出，则重新关紧人孔，并将螺栓拧固紧，所有人员撤离现场，如无物料流出，则逐一拆除 1#、2#、3#、4#四副螺栓。

③移开人孔盖，等待气体检测，气体检测合格后方可凭受限空间作业票，穿着必要的 PPE，并在监护监督下进入设备内开展

检修工作。

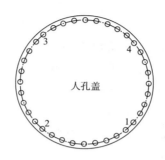

图 2-2-21 人孔拆卸示意图

（2）螺栓和密封面检查确认：

人孔法兰盖移开后，检查人孔法兰盖密封面和人孔法兰密封面是否完好，密封面不合格需处理，必须书面告知业主。检查人孔螺栓是否能够利旧，需要更新时，必须告知业主。

（3）人孔螺栓和密封面保护：

利旧人孔螺栓进行除锈并涂上二硫化钼且放置在可靠位置，以防丢失。检查完好的密封面应加盖保护，预防密封面受到破坏。如果开孔后有别的单位进入设备内施工作业，应将人孔保护移交给内件施工单位。内件施工完毕，人孔回装前，内件施工单位必须办理移交，接手时必须检查密封面有无损坏。

3. 内件检查哪些内容？

（1）检查塔内件锈蚀情况并进行清理，更换锈蚀超标的塔内件；

（2）查看紧固件和浮阀有无缺失，有则补齐安装；

（3）对塔内所有紧固件进行松动检查，如有松动需拧紧；

（4）测量塔盘的水平度并记录数据，调整水平度超标的塔盘板；

（5）测量液流堰高度并记录数据，调整超标的堰高；

（6）测量液流堰水平度并记录数据，调整超标的堰水平度。

4. 检修时如何拆除塔盘?

（1）拆除方法主要有整塔拆除和分段拆除两种，大型塔器可采取分段拆除方法以确保检修工期；

（2）每台塔的塔盘板必须按编号标识集中放置，严防塔与塔之间塔盘板、通道板混乱错位。加强安全监管，防止塔盘和零部件丢失。

5. 塔盘回装有哪些要求?

（1）一层塔盘的承载人数应符合表 2-2-11 的规定；

表 2-2-11　塔盘的承载人数规定表

塔内径/m	<2	2~2.5	2.5~3.2	3.2~4	4~5	5~6.3	6.3~8	>8
人数/个	2	3	4	5	6	7	8	9

（2）施工人员应穿干净的胶底鞋；

（3）人孔及人孔盖的密封面及塔底管口应采取保护措施；

（4）搬运和安装塔盘零部件时，应轻拿轻放，不得污染、不得变形损坏；

（5）施工人员除携带该层紧固件和工具外，不得携带多余的部件；

（6）每层塔盘安装完毕后，应进行检查，不得将工具等遗忘在塔内；

（7）为保证塔盘安装质量，确保检修工期，塔盘安装时，原则上采用分段回装的方法进行，为便于检查分段宜选择在人孔处，先安装人孔处下部塔盘，以此层塔盘作为操作平台，依次向上逐层安装，分段处人孔上部一层塔盘的通道板应封闭；

（8）每层塔盘板回装完，须仔细确认塔盘板安装是否符合要求。

6. 人孔封闭前需做哪些检查工作？

（1）人孔垫片验收：回装前，必须核对垫片有无合格证；必须核对垫片材质、规格、型号、结构符合要求；必须检查密封面有无质量问题。

（2）密封面验收：回装前，必须对垫片密封面再次验收，并且要有责任人确认；严禁密封面带伤回装。

（3）人孔盖贴近、加紧垫片时，要防止垫片损坏；紧固螺栓要对称均匀。

7. 人孔复位前做哪些检查？

（1）对螺栓、螺母的检查：

①螺栓及螺母的材质、型式、尺寸应符合图纸要求；

②螺母在螺栓上转动应灵活，不晃动；

③螺栓不应有弯曲现象；

④螺栓螺纹不允许有断开现象。

（2）对法兰的检查：

应检查法兰型式是否符合要求，密封面是否光洁，有无机械损伤、径向划痕和锈蚀。

（3）对垫片的检查：

①垫片材质、型式、尺寸是否符合要求；

②垫片表面是否有机械损伤、径向刻痕、严重锈蚀、内外边缘破损等缺陷；

③对于椭圆形及八角形金属环垫在安装前应检查法兰梯形槽尺寸是否符合要求，槽内是否光洁，可在环垫接触面上涂上红铅油，以检查接触是否良好，如接触不良，应进行研磨。

8. 垫片安装有哪些要求?

(1)核对垫片有无合格证。必须核对垫片材质、规格、型号、结构符合要求。必须检查密封面有无质量问题,检查缠绕垫有无脱落现象。

(2)垫片与法兰密封面应清洗干净,不得有任何影响连接密封性能的划痕、斑点等缺陷存在。

(3)垫片外径应比法兰密封面外小,垫片内径应比管道内径稍大,两内径的差一般取垫片厚度的 2 倍,以保证压紧后,垫片内缘不致伸入容器或管道内,以免妨碍容器或管道中流体的流动。

(4)垫片预紧力不应超过设计规定,以免垫片过度压缩丧失回弹能力。

(5)对大型螺栓和高强度螺栓,最好使用液压上紧器。拧紧力矩应根据给定的垫片压紧通过计算求得,液压上紧器油压的大小亦应通过计算确定。

图 2-2-22　螺母紧固
顺序示意图

(6)安装垫片时,应按图 2-2-22 所示顺序依次拧紧螺母。但不应拧一次就达到设计值,一般至少应循环 2~3 次,以便垫片应力分布均匀。

(7)对有易燃、易爆介质的设备,换装垫片时应使用防爆工具,以免因工具与法兰或螺栓相碰,产生火花,导致火灾或爆炸事故。

(8)如有泄漏,必须降压处理后再更换或调整安装垫片,严禁带压操作。

第三章　容　器

1. 容器设备安装有哪些工序？

容器设备安装的工艺流程如图 2-3-1 所示。

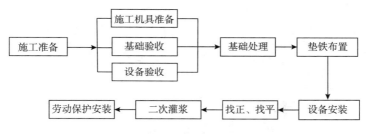

图 2-3-1　容器设备安装工艺流程图

2. 容器设备安装前要做哪些准备工作？

（1）核对容器设备的安装标高；

（2）核对容器设备标定的安装方位与总平面图及配管专业图的一致性。

3. 容器设备安装需要哪些施工机具？

锤子、水平尺、水平管、水准仪、经纬仪、卷尺、塞尺、二硫化钼、润滑脂、吊线坠、扳手等。

4. 容器不同类型基础验收有哪些共性要求？

同基本技能篇第二章第一节第 8 题。

5. 块体式混凝土基础质量验收有哪些质量标准要求?

同基本技能篇第二章第一节第9题。

6. 框架式混凝土基础质量验收有哪些质量标准要求?

同基本技能篇第二章第一节第10题。

7. 钢构架式基础质量验收有哪些质量标准要求?

钢构架式基础见图2-3-2, 基础质量标准见表2-3-1。

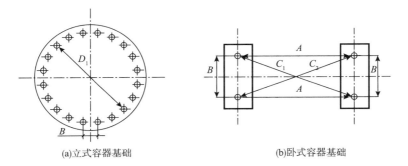

(a)立式容器基础　　　　　　　　　　　　(b)卧式容器基础

图2-3-2　钢构架式基础示意图

表2-3-1　钢构架式基础质量标准

项次	检查项目		允许偏差值/mm	检验方法
1	立式容器支撑梁式基础	基础坐标位置 X、Y（纵、横轴线）	20	全站仪或经纬仪、钢尺现场实测
		基础上平面的标高	±3	钢尺实测
		基础上平面的水平度	$L_1/1000$ 且不大于5	水准仪、水平尺和钢尺实测

续表

项次	检查项目			允许偏差值/mm	检验方法
1	立式容器支撑梁式基础	地脚螺栓孔	中心圆直径 D_1	±5	吊线坠、钢尺实测
			相邻孔中心距 B	±2	
			孔中心线垂直度	$h_1/250$ 且不大于 15	
2	卧式容器支座式基础	支座坐标位置 X、Y（纵、横轴线）		20	全站仪或经纬仪、钢尺现场实测
		支座上平面的标高		±3	钢尺实测
		支座上平面的水平度		$L_2/1000$ 且不大于 5	水平仪
		支座的垂直度		$H_2/1000$	吊线坠
		地脚螺栓孔	纵向中心距 A	±5	钢尺实测
			相邻孔中心距 B	±2	
			对角线长度之差 $|C_1-C_2|$	5	

注：X、Y 为相对轴线距离。D_1 为立式容器地脚螺栓中心圆直径。A 卧式容器纵向地脚螺栓间距。B 为相邻地脚螺栓中心距。C_1 和 C_2 为卧式容器地脚螺栓对角线间距。L_1 为梁的长度。h_1 为上下两地脚螺栓孔间的距离。L_2 为支座的长度。H_2 为支座高度。

8. 容器验收有哪些要求？

（1）无表面损伤、无变形、无锈蚀；

（2）工装卡具的焊疤已清除；

（3）不锈钢、不锈钢复合钢制容器的防腐蚀面与低温容器的表面无刻痕和各类钢印标记；

（4）不锈钢、钛、镍、锆、铝制容器表面无铁离子污染；

（5）设备管口封闭；

（6）充氮设备处于有效保护状态；

（7）设备的方位标记、中心线标记、重心标记及吊挂点标记应清晰；

（8）防腐蚀涂层无流坠、脱落和返锈等缺陷；

（9）核对设备管口数量、方位与设计图纸一致性；

（10）核对设备支座孔距与基础预埋螺栓位置一致性；

（11）核对设备平台、梯子连接件与设计图一致性（需要热处理的设备核对劳动保护垫板等位置及数量）。

9. 容器安装前对基础还需做哪些处理？

（1）放置垫铁处的基础应铲平，放置垫铁处以外应凿成麻面，以 100mm × 100mm 面积内有 3 ~ 5 个深度不小于 10mm 的麻点为宜；

（2）检查卧式容器滑动端基础预埋板的上表面应光滑平整，不得有挂渣、飞溅，水平度偏差不得大于 2mm/m，混凝土基础抹面不得高出预埋板的上表面。

10. 垫铁布置有哪些要求？

（1）裙式支座每个地脚螺栓近旁应至少设置 1 组垫铁。鞍式支座、耳式支座每个地脚螺栓应对称设置 2 组垫铁。

（2）有加强筋的设备支座，垫铁应垫在加强筋下。

（3）相邻两垫铁组的中心距不应大于 500mm。

（4）垫铁组高度宜为 30 ~ 80mm。

（5）支柱式容器每组垫铁的块数不应超过 3 块，其他容器每组垫铁的块数不应超过 5 块。斜垫铁下面应有平垫铁，放置平垫铁时，最厚的放在下面，薄的放在中间。斜垫铁应对应相向使用，搭接长度不应小于全长的 3/4。

（6）容器找正后，各组垫铁均应被压紧，垫铁之间和垫铁与支座之间应均匀接触，垫铁应露出容器支座底板外缘10～30mm。垫铁组伸入支座底板长度应超过地脚螺栓。垫铁组层间应进行焊接固定。

（7）与不锈钢、钛、镍、锆、铝制容器底座直接接触的垫铁组，上面应有一块尺寸与垫铁相同的相应材质垫板或涂刷中性涂料隔离。

（8）卧式设备垫铁布置完成后将滑动端滑板放置到位并均匀涂抹润滑脂。

11. 卧式容器就位后如何找正？

容器支座的底面作为安装标高的基准，容器筒体水平度测量基准点作为水平度找正基准，如表2-3-2所示。有大管口的容器设备要保证管口法兰的水平度。

表2-3-2 卧式容器找正示意表

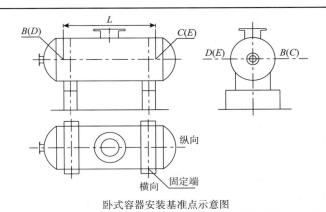

卧式容器安装基准点示意图

注：（1）图中 B、C、D、E 为设备筒体水平度测量基准点。

（2）设备安装标高测量值为设备基础上的标高基准线到设备支座底板下表面的距离。

（3）L 为两端测点间的距离。

12. 卧式容器水平基准线如何确定？

（1）容器本体标有基准线时：通常到货的卧式容器本体标有中心线和重心线的印记，可利用中心线对设备进行找正；

（2）容器本体未标基准线时：卧式容器的顶面或下面都有法兰，利用法兰中心设备的顶面或下面（通常选用较大的法兰面），将最顶层的中心线或底层的重心画出，用盘尺将卧式容器的周长盘一周，从顶层的中心线或重心线围绕圆周1/4的周长画线，在容器的侧面两个方向各画两个点，打样冲，找正的以样冲为准测量。也可以用此方法对到货容器的原有基准点进行检查看是否准确。

13. 卧式容器水平度如何找正？

（1）利用水平管找正　利用水平管通过容器本体上刻划的水平基准点进行找正，横向找正水平管布置如图2-3-3所示；纵向找正水平管布置如图2-3-4所示，水平用钢尺测量水平偏差，通过调整垫铁使容器水平度符合规范要求。

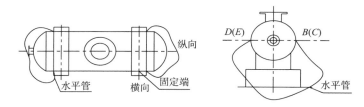

图2-3-3　横向找正水平管布置示意图

（2）利用水平仪找正　当容器有较大的法兰时，也可利用大法兰面作为测量容器水平度的基准，用水平仪对容器纵向和横向进行水平度找正，如图2-3-5所示。

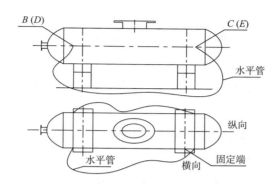

图 2-3-4　纵向找正水平管布置示意图

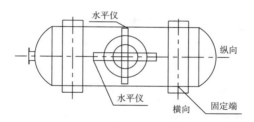

图 2-3-5　水平仪找正示意图

14. 卧式容器安装质量标准要求有哪些?

(1)卧式容器安装方位、水平度要求见表 2-3-3。

表 2-3-3　卧式容器安装质量标准表

项次	检查项目		允许偏差值/mm	检验方法
1	支座纵、横中心线位置		5	用水准仪、透明塑料管、钢尺现场实测
2	标高		±5	
3	水平度	纵向	$L/1000$	
		横向	$2D_0/1000$	

注：L 为卧式容器两端测点间的距离，D_0 为容器的外径。

（2）容器地脚螺栓质量要求：卧式容器滑动端地脚螺栓宜处于支座长圆孔的中间，位置偏差应偏向补偿温度变化所引起的伸缩方向，容器配管结束后，松动滑动端支座地脚螺栓螺母，使其与支座板面间留有 1～3mm 间隙，并紧固锁紧螺母。安装螺栓涂二硫化钼保护。

15. 立式容器安装如何找正？

同基本技能篇第二章第一节第 14 题。

16. 立式容器安装质量标准要求有哪些？

同基本技能篇第二章第一节第 15 题。

17. 容器灌浆有什么要求？

容器找正合格后将垫铁切割整齐，垫铁不应超出基础，同组垫铁间相互焊牢（严禁将垫铁与容器底座相焊），杂物清理干净后进行灌浆，灌浆层不应没过容器滑板和底座。

18. 容器劳动保护安装施工工序是什么？

容器劳动保护安装施工工序如图 2－3－6 所示。

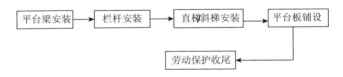

图 2－3－6　容器劳动保护安装施工工序

19. 容器平台梁安装有哪些要求？

平台梁按其规格尺寸选择适宜的吊装方式，一般主梁采用吊车辅助安装，次梁及水平支撑采用手拉葫芦或人力辅助安装，安装时应划线准确，保证平台的安装标高及横梁水平度。平台梁安装焊接完毕，其辅助连接板需切割、打磨干净。

20. 容器平台栏杆安装有哪些要求？

平台梁安装后及时进行防护栏杆的安装，以便形成一个安全的作业面。栏杆按设计提供的图集及图纸要求进行施工。栏杆要求安装一支焊接完一支，所有焊缝处需打磨光滑。

21. 容器平台直梯、斜梯安装有哪些要求？

直梯或斜梯与平台的连接形式严格按照设计提供的节点图集执行，采用焊接连接时必须保证安装就位后及时焊接完，否则应设置明显警示标志："未完工程，禁止攀登"。采用螺栓连接时需保证连接螺栓的紧固度。

22. 容器平台板铺设采用格栅板时有哪些要求？

(1)格栅板采用焊接要求　钢格板自下而上安装，钢格板采用焊接固定，接点在每块板两端支撑构件上不得少于 2 处，且间距不得大于 900mm，每根中间构件上不得少于 2 处，焊缝长度不小于 20mm。

(2)格栅板采用卡具要求　采用夹具固定时，需保证每块钢格板使用的安装卡子的数量符合设计要求，并且在施工中定期对夹具的紧固度进行检查，对采用夹具固定的钢格板安装同时增加焊接固定。

(3)格栅板开孔位置防护要求　钢格板安装就位后，其预留安装开孔位置采用加盖板的方式进行防护。盖板设置需固定稳妥、不移不滑，并设有明显的标志。对预留孔位置有偏差的钢格板重新开孔时要及时修补原预留孔，做好钢格板包边并喷银色冷喷漆。

23. 容器平台板铺设采用花纹钢板时有哪些要求？

(1)花纹钢板焊接要求　花纹钢板自下而上安装，花纹钢板的铺设应平整，其平面度在 1m 范围内允许偏差为 6mm，花纹钢板间拼接焊缝需连续焊，平台铺板与内外圈梁断续焊（100/200）。平台低点需开 $\phi 10$ 漏雨孔，数量约为 1 个/$1m^2$。

（2）花纹钢板开孔位置防护要求　　花纹钢板安装就位后，其预留安装开孔位置采用加盖板的方式进行防护。盖板设置需固定稳妥、不移不滑，并设有明显的标志。对预留孔位置有偏差的格板重新开孔时要及时修补原预留孔。

24. 容器劳动保护安装验收有哪些质量标准要求？

容器劳动保护安装质量标准见表 2-3-4。

表 2-3-4　容器劳动保护安装质量标准表

项次	检查项目	允许偏差值/mm	检查方法
1	平台标高	±10	钢尺检查
2	平台梁水平度	$3L_1/3000$，且不大于 10	水平尺检查
3	承重平台梁侧向弯曲	$L_1/1000$，且不大于 10	钢尺检查
4	平台表面平面度	±5	用 1m 钢尺检查
5	梯子宽度	+5 0	钢尺检查
6	梯子纵向挠曲矢高	$L_1/1000$	拉线、钢尺检查
7	梯子踏步间距	±5	钢尺检查
8	直梯垂直度	$3h_3/1000$，且不大于 15	掉线坠、钢尺检查
9	斜梯踏步水平度	5	水平尺检查
10	栏杆高度	±5	钢尺检查
11	栏杆立柱间距	±10	钢尺检查

注：L_1 为梁的长度，h_3 为直梯高度。

第四章　冷换设备

第一节　管壳式换热器的安装

1. 管壳式换热器有几种型式？

管壳式换热器按型式分类主要有浮头式换热器、固定管板式换热器、U 形管式换热器、釜式重沸器和填料分流式换热器。

2. 管壳式换热器安装主要经过哪些工艺流程？

（1）基础验收、处理及设备验收；

（2）设备试验、清理封闭等；

（3）吊装就位、找正、找平与垫铁点固、灌浆等；

（4）设备防腐保温与检查验收。

3. 管壳式换热器安装前要做哪些准备工作？

（1）设备上的油污、泥土等杂物均应清除干净；

（2）设备所有开孔的保护塞或盖，在安装前不得拆除；

（3）按照设计图样核对设备的管口方位、中心线和重心位置等；

（4）核对设备地脚螺栓孔与基础预埋螺栓或预留螺栓孔的位置及尺寸。

4. 管壳式换热器安装需要哪些基本的工具及材料？

（1）水准仪：基础验收用；

（2）錾子、榔头等：基础处理用；

（3）润滑油脂：换热器滑动端与滑动板安装用；

（4）吊车：换热器安装就位用；

（5）水平管、普通扳手、扭力扳手、垫铁组：换热器安装调整用；

（6）压力表、试压泵：换热器试压用。

5. 管壳式换热器设备到货验收主要检查哪些方面？

（1）清点箱数、箱号及检查包装情况；

（2）核对设备名称、型号及规格；

（3）检查接管的规格、文件及数量；

（4）核对设备备件、附件的规格尺寸、型号及数量；

（5）检查表面损伤、变形及锈蚀情况；

（6）设备开箱检验应在有关单位参加下进行，检验结果应签字认可。

6. 基础验收时需要做好哪些测量检查工作？

（1）基础应具有检验合格记录，满足设备安装要求，并办理交接手续；

（2）基础上应画出纵横中心线、标高基准线、坐标轴线；

（3）基础的位置及尺寸允许偏差应符合设计及规范要求；

（4）混凝土基础外观不得有裂纹、蜂窝、空洞及露筋等缺陷，表面不得有油污和松散层，如果是用旧基础改造的，则新补层要与原基础贴合紧密成一体，放置垫铁处要铲平达到标准要求；

（5）在结构架上安装的设备，结构架应满足设备的安装要求。

7. 管壳式换热器安装前对基础还需做哪些处理？

（1）需灌浆的混凝土基础表面应铲成麻面；

（2）被油污染的混凝土基础表面应清理干净。

8. 卧式换热器安装时滑动板应该怎样布置?

（1）卧式换热器滑动板应布置在换热器滑动端（滑动端应依照图纸确定，不能按照换热器底座椭圆孔为依据）；

（2）应该布置在垫铁组与换热器底座之间；

（3）安装前滑动板与换热器底座间涂抹润滑脂，但滑动板与垫铁组之间不能涂抹。

9. 垫铁布置有哪些要求?

（1）放置垫铁处的混凝土基础表面应铲平，其尺寸应比垫铁每边大 50mm；

（2）平垫铁应放在成对斜垫铁的下面，斜垫铁的斜面应相向使用，偏斜角度不应超过 3°，搭接长度不得小于全长的 3/4；

（3）垫铁与基础接合面应均匀接触，接触面积应不小于 50%；

（4）每根地脚螺栓的两侧应各设一组垫铁，其相邻间距不应大于 500mm，垫铁高度宜为 30 ~ 70mm，每组垫铁块数不宜超过四块；

（5）找正后的垫铁组，应整齐平稳，接触良好，受力均匀；

（6）调整合格后的垫铁组，应露出设备底座外缘 10 ~ 20mm，垫铁组的层间应进行定位焊；

（7）有加强筋的设备底座，其垫铁组应布置在加强筋的下方。

10. 卧式管壳式换热器就位后如何找正?

设备找平找正应以基础的安装基准线（标高、中心线水平标记）对准设备上的基准测点，利用激光找正仪、水准仪、水平尺等仪器，通过调整垫铁来进行调整和测量，使其达到要求。

（1）卧式设备的水平度，应以设备两侧的中心线为基准，采用水平仪来找平，或者用 U 形管来找平，两端的水平误差应达到标准要求；

（2）设备找正找平合格后，拧紧地脚螺栓将垫铁点焊固定，进行二次灌浆。

11. 卧式管壳式换热器安装质量标准要求有哪些?

卧式管壳式换热器安装质量标准见表 2 - 4 - 1。

表 2 - 4 - 1　卧式管壳式换热器安装质量标准表

检查项目	允许偏差值/mm
中心线位置	5
标高	±5
水平度	轴向 $L/1000$ 径向 $2D_0/1000$

注：D_0 为设备外径，L 为卧式设备两端部测点间距离。

12. 卧式换热器安装过程中滑动端与固定端应如何处理?

（1）卧室换热器安装后配管前应将地脚螺栓紧固；

（2）滑动端地脚螺栓应在管道冲洗完成，无应力检查合格后松开；

（3）滑动端螺帽应与换热器底座留有 1~3mm 间隙，螺帽应采用双螺帽并紧固锁紧螺帽。

13. 立式管壳式换热器安装如何找正?

（1）设备找平找正应以基础的安装基准线（标高、中心线水平标记）对准设备上的基准测点，利用激光找正仪、水准仪、水平尺等仪器，通过调整垫铁来进行调整和测量，使其达到要求；

（2）设备中心线位置及管口方位，应以基础上的中心线为基准进行找正；

（3）立式设备铅垂度测量应以设备上端（筒体或其他支架）吊线坠作铅垂线，测量其中互相垂直的两个方位数值即可；

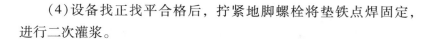

（4）设备找正找平合格后，拧紧地脚螺栓将垫铁点焊固定，进行二次灌浆。

14. 立式管壳式换热器安装质量标准要求有哪些？

立式管壳式换热器安装质量标准见表2-4-2。

表2-4-2　立式管壳式换热器安装质量标准表

检查项目	允许偏差值/mm
中心线位置	5
标高	±5
铅垂度	$H/1000$，最大不超过20

注：H 为立式设备两端部测点间距离。

15. 新安装的换热器需要试压吗？

新安装换热器，在制造厂家已做过压力试验、使用正式紧固件和垫片，且在运输过程中无损伤和变形或在制造厂压力试验后用气封保护，且气封完好的换热设备，经建设单位/监理单位确认，可不再进行压力试验复验。

第二节　空冷式换热器的安装

1. 空冷式换热器的结构型式及其分类有哪些？

水平式空冷器、斜顶式空冷器、立式空冷器和圆环式空冷器。

2. 空冷式换热器基础验收有哪些注意事项？

（1）基础应具有检验合格记录，满足设备安装要求，并办理交接手续；

（2）基础上应画出纵横中心线、标高基准线、坐标轴线；

（3）基础的位置及尺寸允许偏差应符合设计及规范要求；

（4）混凝土基础外观不得有裂纹、蜂窝、空洞及露筋等缺陷，表面不得有油污和松散层，如果是用旧基础改造的，则新补层要与原基础贴合紧密成一体，放置垫铁处要铲平达到标准要求；

（5）在结构架上安装的设备，结构架应满足设备的安装要求。

3. 空冷式换热器开箱验收有哪些注意事项？

（1）清点箱数、箱号及检查包装情况；

（2）核对设备名称、型号及规格；

（3）检查接管的规格、文件及数量；

（4）核对设备备件、附件的规格尺寸、型号及数量；

（5）检查表面损伤、变形及锈蚀情况；

（6）设备开箱检验应在有关单位参加下进行，检验结果应签字认可。

4. 空冷式换热器构架安装要求有哪些？

（1）空冷器的构架基础基本有两种形式：一种是钢筋混凝土结构基础，一种是钢结构基础。

（2）钢筋混凝土结构基础，要求一次浇灌的柱脚基础上平面比设计标高低 40～60mm，锚栓一次浇灌，锚栓螺纹露出部分长度保证锚栓把紧后余 10～20mm。柱脚找平使用成对斜垫铁，每个柱脚用四组，每组不多于三块。柱脚底面水平度要求误差不大于 ±5mm。

（3）钢结构基础，在钢结构基础上焊接基础装置版（焊有锚栓的底板），基础装置板与钢结构基础焊接，水平误差在 ±5mm 内。必要时可加调整垫片钢板，调整垫片钢板厚度不得大于 6mm。

5. 空冷风机安装有哪些注意事项？

(1)空冷器的风机叶片，应按制造厂的装配标记进行组装，风筒内壁与叶片尖的间隙，应按设计制造图样规定的间隙调整均匀；

(2)电动机及传动机构的安装、调整、试车，应符合有关标准和技术文件的规定。

6. 空冷风机安装质量标准要求有哪些？

(1)叶片安装角度。每台风机叶片的安装角度应按空冷器单元组的设计总装图规定的角度，或按操作工况要求的角度安装。

(2)叶片安装角度误差。叶片角度误差不得大于±0.5°，安装角度的测量部位在叶片的标线位置(叶片出厂时，一般在叶片上涂有黄色或其他颜色标线位置标记。

(3)叶尖与风筒壁间隙。风机叶尖与风筒内壁的径向间隙应分布均匀。最大间隙不得大于叶轮直径的0.5%或19mm，选其小者；最小间隙不得小于9mm。

(4)水平度。风机轮毂安装的水平度误差不得大于2/1000。

7. 空冷式换热器为何要设置滑动端和固定端？

空冷式换热器在工作过程中由于温度不同，金属在热胀冷缩的作用下会使空冷式换热器伸长或缩短，在空冷式换热器在伸长或缩短的过程中如果不加以控制会对连接的管道产生较大应力，引起管道震动或断裂等事故。

8. 空冷式换热器安装过程中滑动端与固定端应如何处理？

空冷式换热器安装完毕，在投用之前应根据图纸或厂家说明书将滑动端螺栓拆除或留有1~3mm间隙。

9. 空冷式换热器安装中有哪些注意事项？

（1）空冷器安装前，应按设备图样和技术文件进行检查，合格后方可安装；

（2）空冷器的侧梁上带有伸缩用的滑导螺栓，吊装时必须坚固，安装后应立即松开；

（3）空冷器管束与构架顶横梁的漏气间隙大于 10mm 时，应采取有效的密封措施。

第三节　管壳式换热器的检修

1. 换热器应具备哪些条件后才能交付检修？

（1）待检修的换热器应停车置换合格。使用单位要对该换热器进行停车并与系统隔离，必要时应该加盲板，清洗置换合格，放置到常温状态下方可交出检修。

（2）出具检修任务书。检修任务书是检修工作的依据，使用单位在任务书中写明要检修的换热器的名称、位号、检修部位、材质、技术要求、检修时间等。同时，使用单位还要向检修单位提供必要的换热器技术图纸、档案资料、检验报告等，以便确定检修方案。

（3）进行技术交底。由于换热器特殊的重要性，检修开始前，使用单位要会同检测部门一起向检修单位进行技术交底。

2. 检修前施工单位应该做好哪些准备工作？

从换热器交付检修单位，到检修开始前，检修单位应做好如下工作：

（1）制定检修方案。检修单位在接到换热器检修任务后，应该立即组织技术人员仔细研究检修任务书、技术档案及检测报告中的相关内容，制定检修技术方案。

（2）落实安全措施。现场换热器检修多为登高、进罐、动火作业，检修单位必须认真研究现场情况，制订检修的安全措施。只有一切安全措施到位并在保证安全的前提下，方可进入现场施工。

（3）焊接工艺评定。换热器进行焊接修理时，检修单位必须进行该换热器所涉及钢种的焊接工艺评定，并依据焊接工艺评定结果来制定焊接工艺规程。

（4）确定焊工及材料。换热器检修工作中的施焊工作，必须由经考试合格并持有相应合格项目的有证熟练焊工担任。检修中所用的钢板、钢管、焊条、焊丝等材料以及阀门、法兰等部件应具有合格证书并复验合格。

3. 管壳式换热器常用垫片有哪些？

（1）按材料分类：可分为非金属垫片、半金属垫片和金属垫片；

（2）按垫圈的结构分类：可分为环状平垫、复合式、波纹式、金属环状等型式。

4. 浮头式换热器试压流程是怎样的？试压重点检查部位是什么？

（1）加管箱、小浮头试压环进行壳程试验，主要检查部位为管束、管束与管板连接处、壳体及焊缝处；

（2）然后装上管箱和小浮头进行管程试验，主要检查管箱、管箱与管板之间的密封以及小浮头的密封；

（3）最后装上头盖进行壳程试验，主要检查头盖与壳体的密封、管板与壳体的密封。

5. U 型管式换热器试压流程是怎样的？试压重点检查部位是什么？

(1)加管箱试压环进行壳程试验，主要检查部位为管束、管束与管板连接处、壳体及焊缝处；

(2)然后装上管箱进行壳程试验，主要检查管箱、管箱与壳体的密封。

6. 固定管板式换热器试压流程是怎样的？试压重点检查部位是什么？

(1)先进行壳程试验，主要检查部位为管束、管束与管板连接处、壳体及焊缝处；

(2)然后装上管箱进行壳程试验，主要检查管箱、管箱与壳体的密封。

7. 对于管壳式换热器的漏点怎样处理？

(1)对于壳体封头密封面的缺陷，小的可在装密封垫时，采用涂胶的方法处理，如用耐高温的"液态密封垫胶"；

(2)对于冲蚀可采用手工氩弧焊后，再用油石打平，但应注意不能伤及密封面及其他地方；

(3)对于高压换热器的密封板与壳体焊接密封处的裂纹，可在磨下密封板后用着色探伤检查，发现裂纹一律应用角式磨光机磨掉，直到无微裂纹为止，再用氩弧焊重新堆焊好密封面后再焊好密封板；

(4)对于管束泄漏或管束与管板之间泄漏一般采用堵头封堵，不宜采用焊接。

8. 管壳式换热器管束堵头有哪些常用规格？

(1)金属堵头的长度通常加工成大端直径的 2 倍，小端直径应等于 0.85 倍的管子内径尺寸，锥度为 1∶10；

（2）堵头材料应选用硬度低于或等于管子硬度的材料。

9. 管壳式换热器检修合格标准有哪些？

（1）液压试验时，压力应缓慢上升，达到试验压力后，保压时间不宜少于 10min。然后将压力降至设计压力，保持时间不少于 30min，对所有焊缝和连接部位进行检查，无泄漏、无可见变形为合格。

（2）对设计文件有气压试验要求的，气压试验时，压力应缓慢上升，至试验压力的 10%，且不超过 0.05MPa，保压 5min 后，对所有焊缝和连接部位初次泄漏检查，如有泄漏，应泄压重新升压。初检合格后，再继续缓慢升压至试验压力的 50%，其后按试压压力 10% 的级差升至试压压力，保压 10min 后，将压力将至设计压力，保持时间不少于 30min，对所有焊缝和连接部位进行检查，无漏气，无可见的异常变形为合格。

（3）对设计文件有气密要求的，换热设备液压试验合格后，方可进行气密性试验，其试验压力为设计压力。实验时，压力应缓慢上升，达到试验压力后保持足够长时间，对所有焊缝和连接部位进行泄漏检查，无泄漏为合格。

10. 换热器试压时对压力表有哪些要求？

（1）压力表的量程宜为试验压力的 2 倍，不应小于 1.5 倍且不应大于 3 倍的试验压力。压力表的直径不应小于 100mm。压力表的精度不得低于 1.5 级。

（2）压力表应在换热器的最高处和最低处各安装一块量程相同并经检定合格的压力表，试验压力值应以最高处的压力表读数为准。

11. 换热器上水与加压时有哪些注意事项？

(1)换热设备液压试验时，试验介质宜采用洁净水或其他液体。奥氏体不锈钢换热设备用水进行液体试验时，水中的氯离子含量不应大于25mg/L。

(2)钢制换热设备液压试验时，碳素钢、16MnR、15MnNbR和正火15MnVR纸换热设备液体温度不得低于5℃。对于其他低合金钢制换热设备，液压试验时的液体温度不得低于15℃。其他材料制作的换热设备或板厚等因素造成材料无延性转变温度升高时，液压试验的液体的温度应符合设计文件的要求。

(3)液压试验时液体的温度应低于其沸点或闪点。

(4)液压试验时，压力应缓慢上升，达到试验压力后，保压时间不宜少于10min，然后将压力降至设计压力，保持时间不少于30min。

12. 管壳式换热器检修管束抽芯时应注意哪些事项？

(1)管壳式换热器抽芯检查宜采用抽芯机械；

(2)吊装换热器管束时，不得用钢丝绳或其他锐利的锁具直接捆绑管束；管束水平放置时，必须支撑在管板上或支撑板上；

(3)换热器管束应该有明确的标识，以便回装时确认；

(4)重叠式换热器应按产品标识进行组装。

13. 管壳式换热器检修管束回装时应注意哪些事项？

(1)管束回装时应注意管束角度；

(2)不得强力回装；

(3)注意垫片及密封面保护；

(4)管束安装到位后应及时用定位螺栓定位紧固。

14. 管壳式换热器检修时冷紧和热紧有什么要求？

(1)冷紧时，螺栓的紧固至少应分三遍进行，每遍的起点应相互错开 120°，紧固顺序可按图 2-4-1 执行；

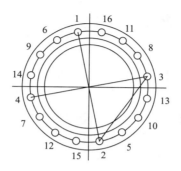

图 2-4-1 管壳式换热器螺栓冷紧顺序示意图

（2）冷紧力矩宜为 100~150kg·m（小值用于直径较小螺栓）；

（3）冷紧时，不得用大锤等工具击打扳手紧固。宜用扳手加套筒延长力臂或用电动、气动、液压工具紧固；

（4）热紧值当用螺栓伸长值进行测定时，应在螺栓施工时紧固后几个螺栓和螺母的相对尺寸，以便热紧时再测；如用螺母转动弧长测定时，则应在法兰上标出各螺母热紧后的旋转位置；

（5）热紧螺栓与冷紧螺栓紧固顺序相同；

（6）热紧螺栓是碳钢螺栓的，相应伸长量为其自由长度的 1/1000，合金钢螺栓的相应伸长量为其自由长度的 1.5/1000，最后所测伸长量其允许偏差为规定值的 ±10%。

15. 管壳式换热器检修时应该重点关注哪些安全问题？

（1）在制定修理方案时，应遵循《企业安全管理制度》拟定相应的安全措施；

（2）在检修前，需办好"三证"，即"检修许可证"、"设备交出证"和"动火证"；

（3）设备单机或系统停车后，容器的降温、降压都必须严格按照操作规程进行；

（4）设备内部介质排净后，应加设盲板隔断与其连接的管道和设备，并设有明显的隔断标记；

（5）对于盛装易燃、易爆、易蚀、有毒、剧毒或窒息性介质的设备，必须经过置换、中和、消毒、清洗等处理，并定期取样分析以保证设备中有毒、易燃介质含量符合《企业安全管理制度》的规定；容器内照明电压不高于12V；

（6）检修用搭置的脚手架、安全网、升降装置等应符合工厂安全技术规程要求，高处进行检修时，要符合高空作业安全要求；

（7）进入容器内工作的人员，应严格遵守入塔进罐的安全规定；

（8）起重机具必须严格进行检查，符合要求。

第四节　空冷式换热器的检修

1. 空冷式换热器应具备哪些条件后才能交付检修？

（1）待检修的换热器应停车置换合格。使用单位要对该换热器进行停车并与系统隔离，必要时应该加盲板，清洗置换合格，放置到常温状态下方可交出检修。

（2）出具检修任务书。检修任务书是检修工作的依据，使用单位在任务书中写明要检修的换热器的名称、位号、检修部位、材质、技术要求、检修时间等。同时，使用单位还要向检修单位提供必要的换热器技术图纸、档案资料、检验报告等，以便确定检修方案。

（3）进行技术交底。由于换热器特殊的重要性，检修开始前，使用单位要会同检测部门一起向检修单位进行技术交底。

2. 空冷器检修前施工单位应该做哪些准备工作？

（1）掌握运行情况，备齐必要的资料；

（2）备齐检修工具、配件及材料；

（3）切断风机电源并挂牌，将空冷器管束内介质排净并吹扫置换干净，符合安全检修条件。

3. 空冷器的检修有哪些内容？

（1）清扫检查管箱及管束；

（2）更换腐蚀严重的管箱丝堵、管箱法兰的连接螺栓及丝堵、法兰垫片；

（3）检查修复风筒、百叶窗及喷水设施；

（4）处理泄漏的管子；

（5）校验安全附件；

（6）整体更换管束，对管束进行试压；

（7）检查修理轴流风机。

4. 如何处理空冷器管束泄漏？

空冷器管束经过一段时间的运行后，由于腐蚀等原因造成穿漏，以采用化学黏补、打卡注胶和堵管等修理方法处理。当换热管泄漏量小时，可在不停车的情况下将管外的翅片除去，然后再进行化学黏补包扎或打卡注胶堵漏。如果不能用上述方法消漏，则应将管束停车吹扫干净，拆开管箱上的丝堵，在换热管两端用角度3°～5°的金属圆台体堵塞，以达到消漏。

5. 空冷器风机检修有哪些内容？

消除漏点等缺陷；检查机组对中及皮带张紧程度；检查并紧固各地脚螺栓；清扫机组积垢，特别是各叶片上的积垢一定要消除；检查并紧固叶片组的背帽和各紧螺栓，检查并调整叶片角度。检查联轴器状况；调校减速箱振动开关或振动、油温在线状态监测报警装置；查看减速箱齿轮磨损情况；检查各润滑部位油位、油质情况，视情况加油、加脂或更换；拆卸并检查叶片、轮毂，检查、调整叶顶与风筒的间隙，叶片称重，整个叶轮作静平衡校验；解体检查减速箱；检查、修理齿轮轴及传动轴并找正；检查轴承及O形橡胶圈等易损件；检查空冷器风机传动系统；调校半自调、自调风机的操纵系统；检查、修补机座和基础，检查或更换地脚螺栓，效验机体水平度；风机机组防腐处理；电机检查、修理、加油。

6. 空冷器检修的质量验收标准有哪些？

（1）管箱丝堵垫片应符合技术要求，其表面不得有贯穿纵向的沟纹及影响密封性能的缺陷；

（2）管箱、管内应清洁；

（3）管束同一管程内，堵管一般不得超过单一管程管子总数10%；

（4）如在管箱上进行扩孔等修理，应符合 GB/T 150—2011《压力容器》有关规定；

（5）喷水设施应畅通无泄漏，风筒、百叶窗应严密，框架不得有缺陷，其连接螺栓不松动，焊接牢固；

（6）安全附件应灵敏可靠；

（7）空冷整体更换时，吊装不得损坏翅片。

第五节　板式换热器的检修

1. 板式换热器的原理及其结构是什么？

板式换热器由一组长方形的薄金属传热板片构成，用框架将板片夹紧组装于支架上，两个相邻板片的边缘衬以垫片压紧密封。垫片的材质通常采用各种橡胶或压缩石棉等制成，根据不同的处理介质选用。板片四个角上开有圆孔，垫片叠加组装后构成流体的通道。温度不同的流体介质分别从板片的两侧流过，从而通过板片进行热交换。

2. 板式换热器检修前施工单位应该做哪些准备工作？

（1）检修前各项技术准备充分，检修系统与装置总系统隔离，确认设备已转换到位；

（2）检修人员、备件、材料到位，检修任务、进度明确；

（3）拆卸前应测量好两盖头间的长度尺寸，以便回把时参考。

3. 平板式换热器的检修有哪些步骤？

（1）拆卸；

（2）化学清洗；

（3）机械清洗；

（4）更换垫片；

（5）更换换热板。

4. 板式换热器检修中应该注意哪些问题？

（1）设备发生内外漏现象时要解体检查。如垫片损坏，必须更换垫片。从节约成本出发，换垫应有针对性，不必全部更换。

（2）根据外漏标识，取出该板更换垫片，其余板的垫片不换。

（3）对内漏，如明确漏点位置，也可不全部更换垫片，只换破损垫片。

（4）换垫困难时，可适当加热换热板背面，使胶脱离，板上密封面应清理干净。

（5）解体后，若换热板腐蚀严重或穿孔，在不能补焊处理时，应更换换热板。更换换热板时应注意换热板的奇偶性，垫片黏接应符合奇偶性要求。

第五章　储　罐

第一节　施工准备

1. 储罐正装法施工需要准备哪些主要工器具?

(1)测量工器具:尺(盘、直、角、塞尺、卷尺、焊接量规、游标卡尺)、水准仪、经纬仪、样板、线坠、干湿温度计、超声波测厚仪、真空表、压力表、红外线数显温度仪、风速仪等;

(2)施工工器具:划规、地规、样冲、扳手、丝锥、锤、磨光机、气割工具、烤炬、卡具(背杠、龙门板、销子、卡码、小方块)、撬棍、加减丝、梯子或马凳等。

2. 储罐倒装法施工需要准备哪些主要工器具?

(1)测量工器具:尺(盘、直、角、塞尺、卷尺、焊接量规、游标卡尺)、水准仪、经纬仪、样板、线坠、干湿温度计、超声波测厚仪、真空表、压力表、红外线数显温度仪、风速仪等;

(2)施工工器具:划规、地规、样冲、扳手、锤、磨光机、气割工具、烤炬、卡具(背杠、龙门板、销子、卡码、小方块)、千斤顶、撬棍、加减丝、梯子或马凳、胀圈、倒链、顶升机构。

3. 球罐施工需要准备哪些主要工器具?

(1)测量工器具:尺(盘、直、角、塞尺、卷尺、焊接量规)、水准仪、经纬仪、弧度样板、干湿温度计;

（2）施工工器具：锤、磨光机、气割工具、烤炬、圆楔子、扁楔子、龙门卡、小方块、加减丝、倒链。

4. 施工样板主要有哪几种？

弧形样板、直线样板、焊缝角变形弧度样板。

5. 弧形样板制作需要注意控制哪些参数？

当构件的曲率半径≤12.5m 时，弧形样板的弦长不得小于1.5m。曲率半径＞12.5m 时，弧形样板的弦长不得小于2m。样板宜外委加工制作，如现场制作时应考虑弦长的等分点间距以及各等分点处拱高的精度。

6. 卷板机选择的主要参数有哪些？

卷板机以储罐施工卷制的壁板最大厚度及排版（供料）钢板宽度综合考虑配备。常用的多为三辊卷板机，参见表2-5-1。

表2-5-1 三辊卷板机技术性能表

设备型号	卷板最大厚度/mm	卷板最大宽度/mm	最小卷筒直径/mm	卷板速度/（m/min）	材料屈服极限/MPa	主电机功率/kW	备注
W11 - 20×2000	20	2000	700	5.5	196	15	多用型
W11S - 32×3200	32	3200	1100	4	250	45	对称式带数显
W11S - 40×3200	40	3200	1500	4	250	45	对称式带数显

7. 储罐施工需要准备的工具有哪些？

4磅手锤、6磅手锤、（手动、电动、风动）葫芦（倒链）、撬棍、千斤顶、加减丝、钢尺、卷尺、线坠、划规、地规、样冲、扳手等。

8. 储罐施工需要准备的计量器具有哪些?

塞尺、焊接量规、水准仪、经纬仪、真空表、压力表、红外线数显温度仪、风速仪等。

9. 储罐正装法施工需要准备哪些手段用料?

储罐正装法施工所需手段用料见表2-5-2。

表2-5-2　正装法施工常用手段用料表

序号	名称	规格型号	单位	备注
1	下料胎具		若干	
2	移动小车	4 节	部	
3	移动小车	2 节	部	
4	移动小车	1 节	部	
5	道木	$L = 2200mm$	根	
6	短道木	$L = 700mm$	根	
7	风管线(压缩空气)		m	
8	背杠	$I10a$, $1.2m$	根	
9	长背杠	$I10a$, $3m$	根	
10	大龙门板	$\delta = 10 \sim 12mm$	块	
11	小龙门板	$\delta = 8 \sim 12mm$	块	
12	挡板	$\delta = 6 \sim 8mm$	块	
13	卡码	$H = 300mm$	个	
14	E形板	$\delta = 12mm$	块	
15	方销		个	

序　号	名　称	规格型号	单　位	备　注
16	圆销		个	
17	小木方块	$\delta 30 \times 50 \times 50$	个	
18	直梯		部	
19	平衡梁	$\phi 219 \times 12$	根	
20	F形斜支撑	$L = 1.5\text{m}$	根	
21	加减丝		只	
22	撬棍	$\phi(26 \sim 30)$	根	
23	钢板垫块	木块	只	
24	平台钢板		m^2	
25	三气笼		只	
26	孔板(拱弧)胎具		只	
27	热处理胎具		套	
28	壁板存放胎具		只	
29	壁板运输胎具		只	
30	浮顶安装胎具		套	

10. 储罐倒链提升倒装法施工需要准备哪些手段用料?

储罐倒链提升倒装法所需手段用料见表2-5-3。

表2-5-3　倒链提升倒装法施工常用手段用料表

序　号	名　称	规格型号	单　位	备　注
1	下料胎具			
2	道木	$L = 2200\text{mm}$	根	
3	短道木	$L = 700\text{mm}$	根	
4	风管线(压缩空气)		m	
5	背杠	I10a,1.2m	根	
6	长背杠	I10a,3m	根	

续表

序　号	名　　称	规格型号	单　位	备　注
7	大龙门板	$\delta = 10 \sim 12mm$	块	
8	小龙门板	$\delta = 8 \sim 12mm$	块	
9	挡板	$\delta = 6 \sim 8mm$	块	
10	卡码	$H = 300mm$	个	
11	E 形板	$\delta = 12mm$	块	
12	方销		个	
13	圆销		个	
14	小木方块	$30 \times 50 \times 50$	个	
15	直梯		部	
16	平衡梁	$\phi 219 \times 12$	根	
17	F 形斜支撑	$L = 1.5m$	根	
18	加减丝		只	
19	撬棍	$\phi(26 \sim 30)$	根	
20	手动(电动)葫芦	5t 以上	副	提升使用
21	手动葫芦		副	加固使用
22	胀圈		套	提升使用
23	罐顶伞架		套	安装罐顶用
24	提升立柱		根	提升使用
25	底圈支墩		个	
26	临时爬梯			
27	三气笼		只	
28	钢板垫块	木块	只	
29	平台钢板		m^2	
30	壁板存放胎具		只	
31	壁板运输胎具		只	

11. 储罐液压提升倒装法施工需要准备哪些手段用料？

液压提升倒装法与倒链提升倒装法施工手段用料基本相同，不同点在于液压提升采用专用提升机构 + 液压站完成提升，倒链提升采用的是手动倒链或电动倒链提升。液压提升倒装法更多地用于 $1 \times 10^4 m^3$ 以上储罐施工，倒链提升更多地用于 $1 \times 10^4 m^3$ 以下储罐施工。

12. 球罐球壳板到货后应进行哪些验收工作？

（1）球壳板的检查验收：球壳板及其零部件的规格、尺寸、数量、型式都应符合施工图样要求，同时应具有完整的质量证明书；球壳板几何尺寸检验包括赤道板、上/下极侧板、上/下极带边板的长边、短边、对角线、长边中点间的弦长、上/下极中板的长边、短边、对角线、长边中点间、短边中点间的弦长、曲度、坡口；球壳板表面不应有裂纹、气泡、结疤、折叠、夹杂、分层等缺陷；单台球壳板超声波抽检及测厚，抽查若发现有不合格，应加倍抽查，若仍有不合格，则应100%检查。

（2）支柱检查：应检查支柱的长度、支柱与底板的垂直度、支柱的直线度。

（3）组焊件检查：带上段支柱赤道板的曲率和与赤道板组焊的上段支柱的直线度；人孔、接管的开孔位置及外伸长度；带人孔接管球壳板的曲率及接管法兰的安装尺寸。

（4）零部件的油漆、包装和运输检查。

（5）以上测量结果必须符合 GB 50094—2010《球形储罐施工规范》的规定；组装前应对每块球壳板和焊缝进行编号，编号要与原厂证书编号一致。

13. 低温罐材料准备阶段需要注意哪些内容？

（1）材料质保书、合格证，以及原材料复检要求；

（2）注意材料加工预制要求；

（3）按要求分类摆放，仓储条件符合要求；

（4）做好原材料复检及标识工作。

14. 壁板的矫正有哪些方法？

热矫正和冷矫正。热矫正分为火焰矫正、高频热点矫正。冷矫正分为手工矫正、机械矫正。

15. 壁板矫正过程中应注意什么？

变形位置的准确认定、矫正方法的正确选用、防止矫正过程中产生二次变形。

16. 球罐施工前必须做好哪些技术准备工作？

（1）建立压力容器现场组焊质量保证体系；

（2）组织相关人员进行图纸会审和设计交底；

（3）编制施工组织设计和各专业施工方案，并按程序进行审核、审批合格；

（4）针对球罐的材质、厚度确定施工工艺，完成相应的焊接工艺评定，并根据焊接工艺评定编制焊接工艺指导书；

（5）按规定在开工前向当地设区的市级质量技术监督局办理施工告知手续；

（6）向参与球罐现场安装的各专业全体施工人员进行安全技术交底；

（7）组织相关人员对球壳板及附件进行开箱、检查、原材料检测等，确保原材料符合规范要求；

（8）与土建专业进行基础交安；

（9）编写总体和各专业开工报告，按程序进行会签。

17. 技术交底的主要内容包括什么？

技术交底必须做到"六个交清楚"：工程概况、施工工艺、技术安全措施、规范要求、操作规程和质量标准要求等。

18. 对壁板、底板及分片组合预制的场地有何要求？

（1）预制场三通一平(通水、通电、通路、场地平整)；

（2）有足够且基础坚实的的场地面积，便于搭设施工平台、安装施工设备和存放材料、半成品件；

（3）材料、半成品、机械设备等进出场方便。

第二节　预　制

1. 常用划线、号料的工具有哪些？

划规、地规、划针、样冲、钢尺、角尺、铅油、色漆、画笔、粉线、石笔、划针等。

2. 根据施工图或者排版图号料的尺寸，其误差应符合哪些要求？

壁板尺寸偏差符合表2-5-4的规定。

表2-5-4　壁板尺寸允许偏差表　　　　mm

测量部位		板长 $AB(CD) \geqslant 10m$	板长 $AB(CD) < 10m$
宽度 AC、BD、EF		±1.5	±1.5
长度 AB、CD		±1.5	±1.5
对角线之差 | $AD-BC$ |		±1.5	≤2
直线度	±1.5	±1.5	≤1
	±1.5	±1.5	≤2
壁板尺寸测量部位			

罐底环形边缘板尺寸允许偏差符合表 2-5-5 的规定。

表 2-5-5　罐底环形边缘板尺寸允许偏差表　　　　mm

测量部位	允许偏差
长度 AB、CD	±2
宽度 AC、BD、EF	±2
对角线之差｜AD－BC｜	≤3
环形边缘板尺寸测量部位	

3. 根据钢材的规格、特性和工作环境温度等的差异，钢材切割及焊缝坡口加工应符合哪些规定？

（1）碳素钢及低合金钢宜采用机械加工或自动、半自动火焰切割加工，不锈钢应采用机械或等离子切割加工。

（2）当工作环境温度低于下列温度时，钢材不得采用剪切加工：①普通碳素钢：－16℃；②低合金钢：－12℃。

（3）切割后的坡口应平整，不得有夹渣、分层、裂纹等缺陷。当采用火焰切割时，切割后的焊缝坡口应采用磨光机去除表面硬化层。

4. 预制构件在保管、运转及现场堆放时应注意哪些事项？

应采用专用胎具存放；保证其稳定性；防止运转、堆放过程中变形、被污染、被腐蚀。

5. 采用火焰切割的高强钢坡口，在完成切割后的紧后工序有哪些？

应采用磨光机等机械手段去除淬硬层，对缺陷处修补处理后，对坡口表面进行相关检测。

6. 储罐主体的预制工作包括哪几部分？

带接管孔板预制（接管的预制、补强板的预制），壁板预制（下料、滚弧），底板预制（边缘板、中幅板）。

7. 低温钢板预制过程主要注意哪些事项？

（1）选择合适的加工方法，宜选用机械加工，如选用等离子加工应对加工坡口面进行彻底打磨；

（2）注意加工作业的环境温度；

（3）做好标识、单独存放。

8. 预制下料时要作好哪些记录？

壁板下料记录、底板下料记录、边缘板下料记录等。

9. 板材下料切割前要做哪些方面的检查和确认工作？

板材材质、规格正确选用，号线准确。

10. 板材切割过程中因受热引起的变形如何控制？

（1）控制切割速度和火焰大小；

（2）切割用气纯度符合要求；

（3）分段、加固切割。

11. 罐底板主要包括哪几部分？

边缘板、中幅板、号码板。

12. 罐底板预制时如何进行编号？

按排版图、方位、施工顺序进行编号。

13. 对钢板的外观有何要求？

（1）无明显的凹凸变形；

（2）钢板表面局部减薄量、划痕深度与钢板实际厚度负偏差之和应符合设计文件要求及相应钢板标准的允许负偏差值；

（3）钢板规格尺寸符合要求。

14. 扇形边缘板有哪些切割方法？

火焰切割、等离子切割、机加工。

15. 大型储罐边缘板内侧坡口的切割顺序是什么？

首先加工焊接坡口，再加工过渡面（大坡口）。

16. 壁板下料时的主要流程是什么？

壁板下料时的主要流程如图2-5-1所示。

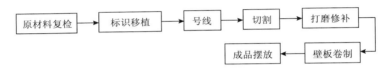

图2-5-1 壁板下料主要流程图

17. 壁板弧度加工过程中采用哪些方式进行质量检查？

弧形样板检查、中心拱高检查。

18. 采用内、外脚手架施工工艺时壁板预制坡口角度有何差异？

采用内脚手架施工工艺时，壁板坡口型式宜采用图2-5-2所示；采用外脚手架施工工艺时，壁板坡口型式宜采用图2-5-3所示。

19. 壁板卷制操作要点有哪些？

（1）卷制胎具制作安装；

（2）吊板就位、调整；

（3）设置卷板机压头下压行程，卷板；

（4）卷制过程采用弧形样板测量；

（5）总体尺寸检查。

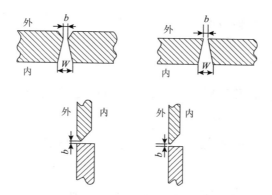

图 2-5-2　内脚手架壁板环缝、纵缝坡口图

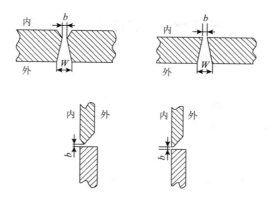

图 2-5-3　外脚手架壁板环缝、纵缝坡口图

20. 壁板卷制时防止过卷的措施有哪些?

（1）操作人员要熟练掌握卷板机性能和操作要领;

（2）卷制过程要随时采用弧形样板测量卷制弧度，控制不要过卷;

（3）在卷制时通常应遵循"宁欠勿过"的原则，本着这一原则先卷一件合格后，将此压下尺寸在近端床头轴承支撑架上做出记号，这一记号即为最大压下尺寸控制点。

21. 在卷制过程中通常的矫正过卷的方法有哪些?

加压法、起吊拉直法、锤击法、反压法、减压放弧法、倒卷重力放弧法。

22. 壁板开孔前应采取何种防止变形措施?

壁板开孔前应在开孔处内弧侧安装防变形井字架。

23. 固定顶相邻两块顶板的拼接缝间距有何要求?

顶板任意相邻焊缝的间距不应小于 200mm。

24. 单盘连接板(过渡板)放样时应注意什么?

考虑焊接收缩,适当放大连接板(过渡板)尺寸。

25. 单盘边缘浮舱整体预制时应控制哪些参数?

底板平整度、顶板凹凸变形、外环板垂直度、浮舱整体几何尺寸。

26. 单、双盘式浮顶和内浮顶预制排版直径与设计直径之间有什么关系?

排版直径按照设计直径放大 0.1% ~0.15% 。

27. 浮顶板预制后应检查哪些参数?

平整度、几何尺寸、板内外侧的弧度。

28. 罐主体附件主要包括哪些?

盘梯、加强圈、抗风圈、顶平台、转动扶梯、量油管、导向管。

29. 如何控制加强圈预制弧度?

采用火焰切割时,分段切割、适当缩小切割弧度。腹板、翼板组对时,应制作合适的组对胎具,做好反变形。组焊完毕及时测量弧度、拱高、翘曲情况并修正。

30. 加强圈预制时应如何控制腹板的平整度及腹板与翼板的垂直度？

焊前做好固定、增加支撑等反变形措施，选择热输入小的焊接方法。

31. 储罐卷制管在下料卷制过程中需要注意哪些事项？

（1）绘图阶段应考虑适当的焊接收缩余量；

（2）应按接管的中径展开进行板材下料；

（3）对接焊缝位置的应临时固定，控制卷制管成型后椭圆度。

32. 浮顶附件主要包括哪些？

人孔、呼吸阀、紧急排水系统、中央排水系统、立柱、取样口、刮蜡机构、限位器、一二次密封等。

33. 如何保证桁架预制的几何尺寸？

保证各构件下料精度、制作专用胎具做好反变形措施。

34. 单盘环向筋预制的方法是什么？

冷弯、热弯。

35. 板材预制过程中龙门切割机的操作要点有哪些？

（1）龙门切割机板材切割胎具制作安装；

（2）板材吊装就位，尺寸复查；

（3）根据板材规格、坡口型式选择割嘴的数量，调整嘴头的角度，确认龙门切割机的行走速度；

（4）试刀、切割、过程监控、复查、记录。

第三节　主体安装

1. 正装法主体施工工艺主要适用范围是什么？

一般适用于 $5 \times 10^4 m^3$ 及其以上大型浮顶储罐施工。

2. 正装法施工工艺流程是什么？

正装法施工工艺流程如图 2-5-4 所示。

3. 正装法施工工艺有哪些优缺点？

优点：技术要点易于掌握、不受吊装能力限制、自动焊接技术成熟、焊接自动化程度高、施工周期短。缺点：需要搭设多层环形脚手架，材料、人工成本、高空作业增加。

4. 全容式低温罐采用正装法进行主体安装需要具备哪些条件？

混凝土环梁达到强度要求，边缘板焊接完并检测合格，罐内进出通道满足施工要求。

5. 正装法施工工艺根据操作面的不同具体可以分为哪几种？

外脚手架正装施工工艺、内脚手架正装施工工艺和水浮法正装施工工艺。

6. 底圈壁板安装基准点如何选择？

设计图纸未明确安装基准点时，一般以进油口中心线为定位基准点。

7. 调整环缝间隙的方法是什么？

组装前添加调整垫板，即根据环缝组对间隙要求预先放置相

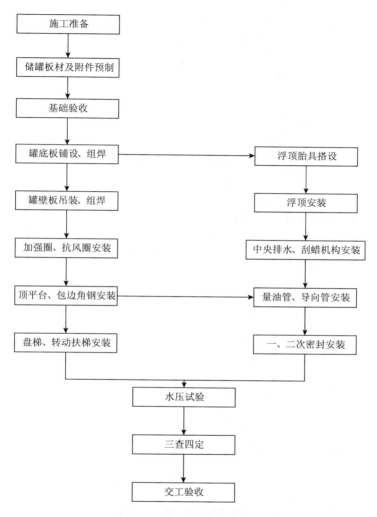

图 2-5-4 正装法施工工艺流程图

应厚度的调整垫板，借助龙门板、加减丝、卡码、千斤顶等工具调整，如图 2-5-5 所示。

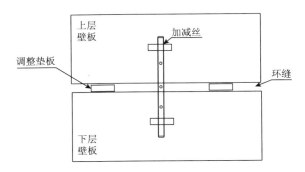

图 2-5-5　环缝间隙调整示意图

8. 如何调整环缝错边?

常用方法:利用调整垫板、"龙门板 + 斜铁"、背杠等方法,如图 2-5-6 所示。

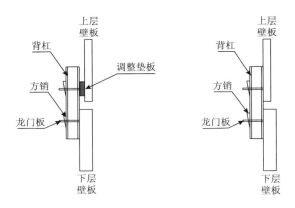

图 2-5-6　环缝错边调整示意图

9. 围板作业前需要做哪些准备工作?

(1)施工人员已到位,技术交底已完成;

(2)所需壁板已经摆放就位;

(3)操作平台已搭设完成并验收合格;

（4）安装基准点、等分点已明确；

（5）围板作业所需的工卡具、机械设备已备齐。

10. 边缘板组对的反变形措施有哪些？

边缘板组对时应按照图2-5-7所示做好反变形措施。该反变形措施主要在边缘板外端300～400mm焊接范围内使用。具体操作：焊缝组对、打底焊接完成后，在边缘板下方距离焊缝200mm左右两侧采用方销和保护垫板把焊缝抬高30～50mm。

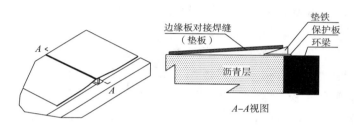

图2-5-7　边缘板组对反变形措施示意图

11. 龟甲缝组对操作要点有哪些？

（1）收缩缝焊接完成后，进行龟甲缝组对；

（2）根据组对间隙的要求，测量中幅板切割量，划线；

（3）切割、打磨、清理、组对。

12. 如何提前预防中幅板与边缘板之间龟甲缝处的组装应力？

底板不规则板在边缘板侧铺设后焊前要用卡具固定，每张板根据形状和实际情况配置2～3块卡具，以防焊后变形，如图2-5-8所示。

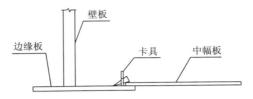

图 2-5-8　中幅板与边缘板之间的龟甲
缝组装应力预防措施示意图

13. 纵缝组对通常采用什么方法?

在纵缝上部和下部各设置一块卡码,通过卡码与小方块之间的销子调整相邻壁板之间的间隙。通过线坠法调整壁板的垂直度。通过方销、龙门板调整焊缝处相邻壁板的纵缝错边。通过弧形样板检查、调整纵缝处弧度。在壁板弧度、错边、间隙、垂直度符合设计文件要求后用 E 型板固定,如图 2-5-9 所示。

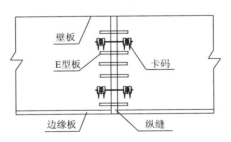

图 2-5-9　纵缝组对方法示意图

14. 纵缝组对间隙有何要求?

根据焊接方法和板材厚度的不同,纵缝组对的间隙要求见表 2-5-6。

表2-5-6 纵缝组对间隙要求表　　　　　mm

坡口形式	焊条电弧焊		气电立焊	
	板厚	间隙	板厚	间隙
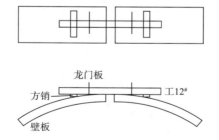	$\delta < 6$	$b = 1_0^{+1}$	—	—
	$6 \leqslant \delta \leqslant 9$	$b = 2 \pm 1$	$\delta \leqslant 24$	$b = 5 \pm 1$
	$9 < \delta \leqslant 15$	$b = 2_0^{+1}$		
	$12 \leqslant \delta \leqslant 45$	$b = 2_0^{+1}$	$\delta > 24$	

15. 纵缝组对过程中有哪些主要质量控制参数？

组对间隙、错边量、棱角变形、壁板垂直度、上口水平度。

16. 当纵缝上口容易出现内凹时应采用何种预变形措施？

在焊接前从罐外壁纵缝处进行反变形措施，使焊缝处于受外拉状态，罐内侧采取加热措施调整内凹，如图2-5-10所示。

龙门板
方销　　　　　工12#
壁板

图2-5-10 纵缝上口预防内凹变形措施示意图

17. 底圈壁板椭圆度及纵缝垂直度如何调整？

(1)壁板组对后用卡具调好间隙，打上卡码固定，再用销打入卡具间，同时通过调整壁板下端在边缘板上位置达到调整椭圆度的目的；

（2）椭圆度合格后用销子打入边缘板与罐基础圈梁间调整水平度，然后用正反丝调整壁板垂直度，调整合格后用卡具固定组对间隙，用防变形卡具点焊好，如图2-5-11所示。

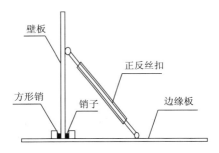

图2-5-11　底圈壁板椭圆度及纵缝垂直度调整措施示意图

18. 环缝组对间隙有何要求？

根据焊接方法和板材厚度的不同，环缝组对的间隙要求见表2-5-7。

表2-5-7　环缝组对间隙要求表　　　　　　　mm

坡口形式	焊条电弧焊		埋弧焊	
	板厚	间隙	板厚	间隙
内 δ_1 外　b　δ_2	$\delta_1 < 6$	$b = 2\,^{+1}_{\ 0}$	—	—

续表

坡口形式	焊条电弧焊		埋弧焊	
	板厚	间隙	板厚	间隙
内 δ_1 外 b δ_2	$6 \leqslant \delta_1 \leqslant 15$ $15 < \delta_1 \leqslant 20$	$b = 2^{+1}_{\ 0}$ $b = 3 \pm 1$	$\delta_1 \leqslant 12$	$b = 0^{+1}_{\ 0}$
内 δ_1 外 b δ_2	$12 \leqslant \delta_1 \leqslant 45$	$b = 2^{+1}_{\ 0}$	$12 < \delta_1 \leqslant 45$	$b = 0^{+1}_{\ 0}$

19. 环缝组对错边量如何检查?

采用"直尺＋塞尺"法、检测样板检查法、"角尺＋直尺"法。具体做法如图 2-5-12 所示。

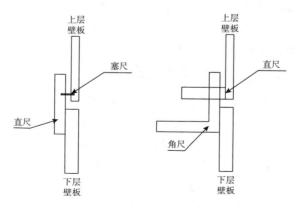

图 2-5-12　环缝组对错边量检查方法示意图

20. 环缝组对如何检查内壁平齐?

当采用内脚手架施工时,利用直尺或钢板尺检查。当采用外脚手架施工时,制作专用样板进行检查。专用样板形状如图 2-5-13 所示(H 为上下两层壁板的壁厚差)。

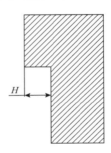

图 2-5-13　环缝组对检查内壁平齐样板示意图

21. 第一圈壁板组装后应满足哪些要求?

(1)整圈壁板上口水平度:上口水平的允许偏差相邻两壁板不应大于 2mm,在整个圆周内为 ±3mm;

(2)壁板的垂直度:允许偏差为 3mm;

(3)底圈罐壁 1m 高处任意点半径:允许偏差为 ±30mm;

(4)纵缝组对间隙:一般控制在 4~6mm;

(5)纵缝错边量:不得大于 1mm;

(6)安装弧度:用 1m 弧形样板检查。

22. 大角缝在焊接前需要做哪些准备工作?

大角缝在焊接前应做好防变形措施,在底圈壁板与边缘板之间应加斜撑予以加固,每块边缘板上应均匀分布三根及以上斜撑(焊缝两端及中间部位),如图 2-5-14 所示,清理干净坡口处一切杂物,并保持干燥。选择匹配的焊材。有预热要求的要准备好预热措施。

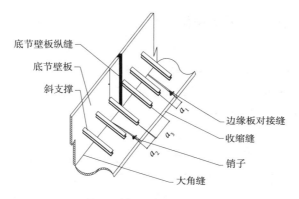

底节壁板纵缝
底节壁板
斜支撑
边缘板对接缝
收缩缝
销子
大角缝

图 2-5-14　大角缝焊前防变形措施示意图

23. 壁板安装的单节垂直度如何调节?

在环缝和纵缝间隙满足规范要求的范围内,通过调整纵缝、环缝的间隙实现垂直度的要求。

24. 壁板组对后单节板垂直度允许偏差是多少?

底圈壁板垂直度不应大于 3mm,其他每圈壁板垂直度不应大于该圈壁板高度的 0.3%,安装组对时应采用吊线坠的方法确保壁板的垂直度,组对完成后应再次系统地检查一遍,防止壁板垂直度在组对过程中跑位出现超标的情况,发现问题及时处理。

25. 壁板安装的整体垂直度如何控制?

每层壁板安装前应对已安装完成的壁板总体垂直度进行测量,出现偏差应在下层壁板安装时进行修正,如果偏差较大时,应停止安装上层壁板,先对偏差较大位置进行处理直至合格后再进行安装。罐壁的垂直度不应大于壁板高度的 0.4%,且不应大于 50mm。

26. 内壁挂架正装法组对方式与外脚手架正装法有何不同？

（1）内脚手架是罐内壁悬挂 2～3 层作业平台，根据安装高度由下至上循环搭设，而外脚手架为整圈满堂落地脚手架，根据安装高度逐层搭设直至罐顶部，下面各层脚手架任何时候都可使用；

（2）在内脚手架条件下组对时，作业在内脚手架上进行，外脚手架条件下组对时则在外脚手架上进行，反变形工作亦如此；

（3）罐壁总体焊接顺序不同，内脚手架为先外后内，外脚手架为先内后外；

（4）在内脚手架条件下安装加强圈、抗风圈、消防喷淋系统主要依托移动小车，障碍少，但施工难度大；在外脚手架条件下安装加强圈、抗风圈、消防喷淋系统主要依托现有脚手架，障碍多，但施工难度小；

（5）因为附件等作业都在罐外壁，内脚手架对于过程检查难度大，外脚手架则相对容易；

（6）内脚手架对于主体母材损伤多，而外脚手架相对少；

（7）内脚手架文明施工情况略优于外脚手架。

27. 内、外脚手架正装法在封口板的长度测量时需要注意哪些事项？

壁板的厚度引起的弧长变化、测量的准确性，必要时应交叉检查确认。

28. 内壁挂架平台的安装高度有何要求？

一般为距上层环缝 1～1.2m，以便于操作为宜。

29. 内壁挂架的上下通道采用何种形式？

挂架通常采用 Z 字形通道或直爬梯。均以壁板高度为准，层间设置小平台，通过钢斜梯或直爬梯相连；平台和梯子上均设置安全栏杆、扶手；挂架与罐壁间采用挂钩和蝴蝶状固定件相连接。

30. 倒装法主体施工中目前常用的提升工艺有哪些？

根据罐主体的重量不同一般采用以下两种提升工艺：液压提升机构提升和倒链提升机构提升。

31. 倒装法施工工艺流程是什么？

倒装法施工工艺流程如图 2-5-15 所示。

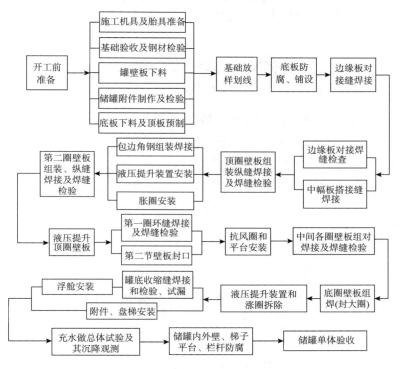

图 2-5-15 倒装法施工工艺流程图

32. 如何保证罐壁板的椭圆度?

(1)严格检查壁板滚弧质量,保证壁板的预制弧度;

(2)加强安装组对过程中壁板弧度检查,保证壁板组对弧度;

(3)严格控制焊接参数,减少焊接变形,保证壁板椭圆度。

33. 胀圈的作用是什么?

保证壁板的椭圆度,提升时增强壁板的刚度。

34. 胀圈制作的料材有哪些?

根据罐的规格,一般选用槽钢、工字钢、H 钢。

35. 倒装法安装壁板封口板如何设置?

一般间隔180°设置两块封口板,上下两圈壁板的封口板应错开方位。

36. 常见的外浮顶有哪些结构型式?

单浮盘结构型式和双浮盘结构型式。

37. 浮顶的施工应具备哪些条件?

(1)参与浮顶施工的人员已到位,并入场教育合格;

(2)浮顶施工所需的机械设备已入场并报验合格;

(3)浮顶施工所需的材料均已预制并预防腐完成;

(4)浮顶施工技术交底已进行,施工人员已熟知每道工序的施工方法、安全作业要求;

(5)罐底板安装焊接完成,真空试漏及相关检测合格,且第一圈壁板环缝焊接完成。

38. 浮顶胎具搭设完成应验收哪些内容?

(1)浮顶胎具搭设的高度;

(2)胎具上表面的水平度;

(3)胎具本身的牢固度和稳定性。

39. 浮顶胎具拆除前应检查哪些内容？

（1）所有的浮顶立柱都已安装完成，且立柱与罐底板接触良好；

（2）立柱套管补强板均已焊接完成。

40. 单盘浮顶加强筋安装时应控制哪些参数？

上表面的平整度、对接位置的错边量、环向加强筋的椭圆度。

41. 边缘浮舱外侧板预制时周长应加长多少？

一般为外侧板周长的 1‰。

42. 双盘浮顶底板、桁架常用的安装顺序是什么？

从储罐中心浮舱（标记为 $1^\#$）向外标记，$10 \times 10^4 \mathrm{m}^3$ 储罐双盘浮顶各舱安装顺序一般为：

$15 \times 10^4 \mathrm{m}^3$ 储罐双盘浮顶各舱安装顺序一般为：

43. 浮舱顶板安装前应完成哪些工作？

舱内所有的焊接工作完成、底板真空试漏完成、隔板煤油试漏完成。

44. 罐内泡沫挡板安装时如何控制其安装弧度？

（1）在安装定位基准线两侧点焊挡板保证泡沫挡板安装弧度；

（2）对包边角钢进行卷制到预定的弧度；

（3）控制边缘浮舱顶板平整度；

（4）焊接时应采取热输入较小的焊接方法，比如气体保护焊。

45. 浮顶接管在开孔过程中哪些部件可以移位调整？

浮顶立柱、通气阀、呼吸阀、紧急排水、人孔等因与桁架、隔板、中央排水系统等相碰可以适当移位，但应得到设计许可。

46. 浮顶板搭接处开倒角的作用是什么？

将钢板搭接接头三层板重叠部分上层底板切角是为保证该搭接处每层板能被焊透。

47. 倒角的尺寸有何要求？

倒角形式如图 2-5-16 所示，具体执行设计要求。

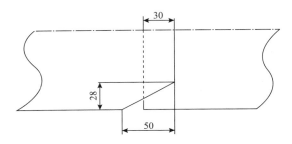

图 2-5-16　倒角示意图

48. 球壳各部位名称定义是什么？

球罐各部位名称如图 2-5-17 所示。

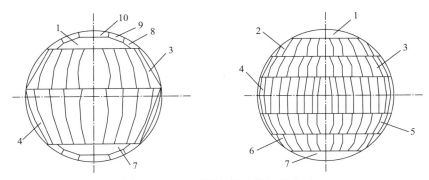

图 2-5-17　球罐各部位名称示意图

1—上极；2—上寒带；3—上温带；4—赤道带；5—下温带；6—下寒带；

7—下极；8—极边板；9—极侧板；10—极中板

49. 球形储罐安装基础验收包括哪些内容？

方位、标高、水平度，地脚螺栓的外伸长度及位置，基础混凝土强度是否达到要求，基础孔洞缺陷是否达到规范要求。

50. 球体组装工艺常用的有哪几种？

球形罐的组装常用的方法有分片法组装（又称散装法）和环带法组装（又称分带法）。球形罐施工宜采用分片法。

51. 球壳板组装过程中为何不得采用机械方式强力组装？

避免产生应力集中，导致焊缝延迟裂纹。

52. 调整球罐柱脚垂直度的方法是什么？

对吊装到位的支柱用螺栓固定，用经纬仪配合扁楔、地脚螺栓螺母调整标高和垂直度（从 0° 和 90° 测量），安装赤道板后，应重新复查支柱垂直度。

53. 球壳板组装前焊接应焊接方帽，其作用有哪些？

一是吊装用，二是配合目字形工卡具，对球壳板进行固定，调间隙、错口、错边等。

54. 方帽数量通常如何设置？

方帽的数量原则上纵缝焊 2 组，环缝焊 1 组。

55. 大型球罐赤道带各柱间的单瓣板采用什么方法进行组装？

大型球罐赤道带各柱间的单瓣板的组装，采用跨中插入法进行，在吊板前应将焊缝处焊以方帽，以备使用目字形卡具固定。吊装时注意吊点位置要正确，使上下端保持水平，以便顺利插入。

56. 小型球罐赤道带的组装程序是什么？

（1）在球罐支柱基础上进行号线，按基准圆直径（球罐外径）

宜放大 20mm 进行；

（2）分别吊装相邻的焊有支柱的赤道带板，两块分别立于各自的基础上，用地脚螺栓固定，用内外三根（内一外二）揽风绳进行初步找正（向心和垂直度）；

（3）然后吊装不带支柱的赤道带板并插入它们中间，用卡具紧固连接，如此类推，直至全部赤道带吊装完毕。

57. 支柱间支撑的连接顺序有什么要求？

为了加强整体赤道带的强度和刚度，点焊固定赤道带后，支柱间应加以支撑，其顺序是先通长后分段。

58. 如何减少下温带安装中由于重力作用，下端自然下垂而导致曲率增大，造成最后一块板无法组对的问题？

在安装下温带时使下端收口 3 ~ 5mm，以减少由于重力作用带来的安装问题。

59. 小型球罐和大型球罐在下极板安装中有何不同？

小型球罐的下级带可以在平台上组焊为整体后吊装；对于大型球罐，应用散装法，先装下极边板，再装下极侧板，后装下极中板，组装完后用 2m 弧度样板检查弧度符合要求后，在内侧点焊固定。

60. 上温带与赤道带组装时如何限位？

在吊入上温带前，先在赤道带内端点焊限位铁，以使下端限位。

第四节 附件及劳动保护安装

1. 大型储罐需要热处理的开孔板制作工艺流程是什么？

开孔板制作工艺流程如图2-5-18所示。

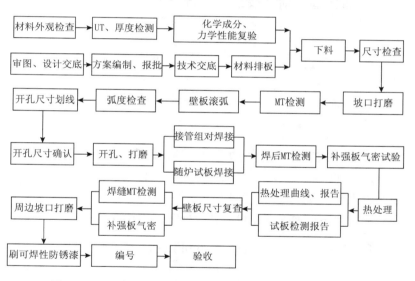

图2-5-18 大型储罐需要热处理的开孔板制作工艺流程图

2. 低温罐顶部接管安装时有哪些质量要求？

接管外伸长度、开孔的方位、法兰面水平度、接管垂直度都应满足设计要求。

3. 大型储罐的量油管、导向管安装有哪些质量要求？

量油管和导向管的垂直度和直线度不得大于管高的0.1%，

且不应大于10mm。钻孔部位内边缘毛刺应打磨清理干净，管子对接焊缝应保证内部无毛刺和焊瘤。

4. 非向心安装的接管如何定位？应注意什么？

先以外弧展开尺寸确定接管中心点位置，再画出开孔位置轴线，第三步画出相贯线。安装时应注意接管四个方位的外伸长度控制及法兰面平行度的控制。

5. 加强圈组对、安装工艺流程是什么？

组对、安装工艺流程如图2-5-19所示。

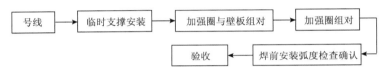

图2-5-19　加强圈组对、安装工艺流程图

6. 圆形加强圈和多边形加强圈安装工艺有何不同？

圆形加强圈的安装可定位点可选择任何位置开始，多边形加强圈以盘梯处为中心定位安装。圆形加强圈在组对合拢处可单方向截取，多边形加强圈在组对合拢处需对称截取。

7. 牺牲阳极在什么条件下可以进行安装？

当采用海水进行水压试验时，在水压试验之前安装。当采用淡水进行水压试验时，在罐底板焊缝二次真空试漏合格后安装。

8. 牺牲阳极的安装位置如何确定？

牺牲阳极块的安装位置一般是根据设计图纸所标注的位置进行均布，当遇到立柱或中央排水软管时，可适当在2m范围内移动其位置。

9. 常见的一次密封有几种型式？

主要有机械密封和软密封。机械密封具体形式如图2-5-20

所示，软密封如图 2-5-21 所示。

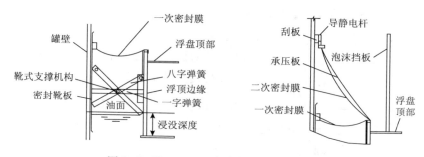

图 2-5-20　一、二次密封（机械密封式）

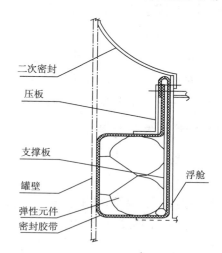

图 2-5-21　一、二次密封（软密封式）

10. 一、二次密封安装在什么位置？

安装在边缘浮舱与罐壁之间的环形空隙中。

11. 一次密封安装过程中的控制要点有哪些？

（1）机械密封：安装时与密封接触的表面应涂一层清洁的机械油，以便能顺利安装；安装过程中严禁敲打和撞击，以免使机械密封破损造成密封失效；安装静环压盖时，拧紧螺丝必须受力均匀，保证静环端面与轴垂直；设备在运转前必须充满介质，防止干摩擦而使密封失效。

（2）软密封：与一次密封接触的位置应无毛刺、焊瘤等易损害橡胶的缺陷存在，注意保证胶带接头的搭接长度。

12. 一、二次密封系统的导静电板可否不安装？

不可以。导静电板的安装是防止一、二次密封与壁板摩擦产生静电而引发油气火灾事故。

13. 刮蜡机构主梁安装起始点一般设置在什么位置？为什么？

设在量油管、导向管附近，一般以量油管中心线与刮蜡板中心重合定位。防止安装过程中出现主梁与量油管、导向管处于同一圆周角度，这样重锤将与导向管、量油管相碰而无法安装。

14. 刮蜡机构主梁安装号线时应注意哪些方面？

主梁起始点的选择、安装累计误差、主梁前端与罐壁的距离。

15. 刮蜡板安装时要保证哪些主要位置参数？

刮蜡板之间的间隙、刮蜡板与罐壁板贴紧和整圈刮蜡板应保证在同一水平面上。

16. 常见的中央排水系统有哪些结构？

主要有全柔性金属软管结构和柔性接头加刚性排水管结构。

17. 如何确定中央排水管线的走向和位置？

以集水坑的位置和罐壁上中央排水口的位置来确定。

18. 软管的旋向是否有要求？

有要求，要注意软管的左右旋向。

19. 中央排水管附近的立柱是否需要调整?

需要调整，保证立柱与中央排水软管盘旋的位置间距不少于 1.5m。

20. 中央排水管支架在安装过程中需要注意哪些事项?

支架在安装过程中应考虑储罐基础的沉降，充水沉降试验前宜点焊固定，待充水沉降试验完成后再进行调整。

21. 罐顶钢网架安装前需要验收哪些内容?

验收钢网架骨架弧度、挠度和承压环的弧度。

22. 中心临时伞形支架安装高度与哪些因素有关?

拱顶高度、顶圈壁板高度和临时支墩高度。

23. 钢网架安装为何要求对称同步安装?

保证钢网架整体刚性和保证罐壁的受压均匀。

24. 转动浮梯现场分段组装时应控制哪些内容?

(1)控制整体的挠度和直线度;

(2)控制踏步的灵活性、同步性及踏步面的水平度。

25. 转动浮梯放线的基准点选择在什么位置?

以顶平台上转动扶梯的中心点确定浮盘上的铅垂点，以铅垂点和浮盘上中心点连线确定转动扶梯中心线。

26. 盘梯安装时应保证哪些参数?

起始位置、三脚架的向心度、水平度及位置的准确性、内侧板与罐壁的间距、踏步的水平度。

27. 盘梯安装过程中用什么工具测量?

水平尺、卷尺、角尺、线坠。

28. 劳动保护安装的基本要求是什么？

安全可靠、横平竖直、布局合理。

29. 国家（行业）标准对平台护栏的高度有哪些要求？

GB 4053.3—2009《固定式钢梯及平台安全要求 第3部分：工业防护栏杆及钢平台》中规定：工业用防护栏杆的高度宜为1050mm，离地高度小于 20m 的平台防护栏杆高度不得低于1000mm，离地高度等于或大于 20m 的平台防护栏杆高度不得低于 1200mm。

第五节　试　验

1. 储罐充水试验应具备什么条件？

（1）所有附件及其他与罐体焊接的构件应全部完工；

（2）所有无损检测内容已完成；

（3）所有与严密性试验有关的焊缝，均不得涂漆，水源已落实，上水管线已施工完成；

（4）参与充水试验的人员已进行交底。

2. 浮舱严密性试验应具备什么条件？

所有浮舱内的施工任务已完成，底板真空试漏、煤油试漏已完成。

3. 充水过程应检查哪些内容？

（1）罐底严密性：在充水试验过程中，观察基础四周，无渗漏为合格；

（2）罐壁强度及严密性：充水至最高设计操作液面，保持48h

后焊缝无渗漏，壁板无异常变形为合格；

（3）浮顶的升降试验及严密性：浮顶升降应平稳、导向机构及密封装置无卡涩现象、浮梯转动灵活、浮顶与液面接触部分无渗漏为合格；

（4）浮顶排水系统的严密性：上水过程中无水从排水口渗出为合格（下雨天除外）；

（5）基础沉降观测：在罐壁下部（距罐底 200mm）沿圆周均匀设置一定数量的观测点，观测罐体沉降情况，观测沉降的基准点设在距离储罐基础 5m 以外某一点（由专业测量单位负责实施）；

（6）充水试验期间，应检查浮顶外边缘板与罐壁之间的密封间隙，每圈板至少检查储罐的 2 个横截面，每隔横截面均布的检查点不得小于 64 个，密封间隙偏差不应大于 ±80mm，并进行记录。

4. 中央排水系统试验过程中压力值以哪块表为准？为什么？

以集水坑处那块压力表显示的压力值为准。因两块压力表存在水位高差，罐壁排水出口处的压力表数值偏大。

5. 浮舱气密性试验需要注意些什么？

压力不要超范围，选择合适量程的压力表，缓慢升压，控制好稳压时间。

6. 球罐的整体气密性试验应安排在哪个阶段？

球罐整体气密性试验应在液压试验合格后进行。

7. 球罐气密试验有哪些要求？

气密性试验前，球罐上的安全装置及阀门须安装完毕。罐顶和罐底各安装一块量程相同并经校验合格的压力表，压力表的极限值为试验压力的 1.5～3 倍。试验前应缓慢升至试验压力的 50%，保持 10min，对球罐所有焊缝和连接部位进行检查，确认无泄漏，继续升压。压力升至试验压力时，保压 10min，在焊缝部位用肥皂水检查，无泄漏，气密试验合格，否则，修复后重新进行气密性试验。最后经三方检查合格后缓慢泄压，气密试验完毕。

8. 球罐气密性试验与气压试验的区别有哪些？

（1）性质不同　气密性试验属于致密性试验，气压试验属于校核强度性试验；

（2）目的不同　气密性试验主要为了检查设备的严密性，特别是微小穿透性缺陷，气压试验主要是为了检验设备的强度和密封性；

（3）使用介质不同　气压试验一般采用空气，气密性试验除了使用空气外，如果介质毒性比较高，不允许有泄漏或易渗透，采用氨、卤素或氮气；

（4）顺序不同　气密性试验需要在气压或水压试验完成后进行。

9. 真空试漏试验操作有何要点及主要检查哪些部位？

（1）使用前检查真空箱及其附件是否符合要求，调制符合规定浓度的肥皂水，确认合格后准备试验；

（2）应将焊道清理干净，肥皂水涂刷均匀且长度符合试验要求；

（3）真空试漏过程中控制气流速度、压力、稳压时间，目测焊缝渗漏情况；

（4）主要检查部位有：罐底板所有焊缝、大角缝、浮舱底板、顶板。

10. 罐顶正负压试验对天气有什么要求？

雨天不能做，温差大的天气不宜做。

11. 气密性试验一般采用什么气体？

压缩空气。

12. 气密性试验为何不能用氧气进行气密性试验？

氧气是助燃性气体，容易产生爆炸。

13. 边缘浮舱气密性试验操作要点是什么？

（1）制作试压胎具、安装；

（2）设置 U 型管式压力计，并标注刻度；

（3）对试验浮舱进行充气试压，达到试验压力后稳压，对相关焊道涂刷肥皂水检查渗漏情况。

14. 接管补强板气密性试验的目的是什么？

检查补强板焊缝的严密性。

15. 储罐浮顶施工过程中哪些部位需要进行煤油渗漏试验？

（1）边缘浮舱外侧板浮舱底板的角焊缝；

（2）浮舱隔板与浮舱底板的角焊缝；

（3）浮舱隔板与隔板之间的纵缝；

（4）所有浮舱底板上的开孔焊缝；

（5）集水坑与中央排水管连接的焊缝。

16. 焊缝致密性试验为什么选择煤油而不用汽油或润滑油？

煤油渗透性强，挥发性弱。

17. 下雨天是否可以进行煤油渗漏试验？

不可以，因渗漏点无法分辨。

18. 焊缝煤油渗漏试判定标准是什么？

焊缝表面的石灰无煤油印记为合格。

19. 煤油渗漏试验是否在焊道正背面均焊完后进行？

角焊缝煤油试验是在焊道单面焊接完成后进行，已焊接完成的面刷石灰水，未焊接面涂刷煤油，待试验完成后，再进行全部焊接。对接焊缝是在焊道正背面均焊完后进行。

第六章 气 柜

第一节 干式气柜安装

1. 气柜施工主要准备哪些施工机具？

滚板机、钻床、电焊设备、剪板机、大锤、电动葫芦、手拉葫芦、经纬仪、水准仪、挂线、量尺等。

2. 气柜基础验收时主要测量哪些参数？

立柱等距气柜中心位置、气柜基础顶面各位置标高、预埋地脚螺栓的允许偏差。

3. 立柱等距气柜中心位置允许偏差为多少？

（1）L_1 为相邻两立柱中心距离，L_1 允许偏差值为 ±5.0mm；

（2）L_2 为间隔立柱的中心距离，L_2 允许偏差值为 ±5.0mm；

（3）L_3 为立柱地脚螺栓中心至立柱中心点的距离，L_3 允许偏差值为 ±2.5mm；

（4）R_1 为两地脚螺栓中心至气柜中心的水平距离，R_1 允许偏差值为 ±2.0mm；

（5）R_2 为气柜中心至气柜底板起拱折点处的距离，R_2 允许偏差值为 -15.0 ~ +5.0mm；

（6）立柱等距气柜中心位置如图 2-6-1 所示。

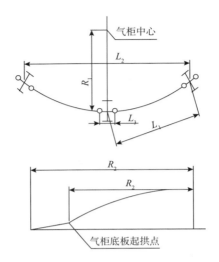

图 2-6-1　立柱等距气柜中心位置示意图

4. 气柜基础顶面各位置标高允许偏差为多少?

（1）测量基础环梁以内顶部混凝土、沥青完成面相邻基准点标高差（沿径向及圆周向每隔 3m 设基准点），允许偏差值为 ≤10.0mm；

（2）测量基础环梁顶部（侧板设置处）完成面标高，允许偏差值为 -5.0~0mm；

（3）测量基础环梁顶部（侧板设置处）完成面平整度（以 2m 直尺检查），允许偏差值为 ±5.0mm；

（4）测量基础环梁顶部（基柱位置处）完成标高，允许偏差值为 -10.0~0mm；

（5）测量基础中心坐标偏差，允许偏差值为 ≤20.0mm。

5. 预埋地脚螺栓的允许偏差为多少?

（1）测量地脚螺栓螺纹长度，允许偏差值为 0~+30.0mm；

（2）测量预埋地脚螺栓标高，允许偏差值为 0~+20.0mm；

（3）测量相同柱两螺栓中心距离，允许偏差值为 ±5.0mm。

6. 气柜底板、活塞板、顶板制作尺寸允许偏差值为多少？

（1）采用对接时板材长、宽度允许偏差值为 ±2.0mm，采用搭接时≥设计搭接值；

（2）采用对接时板材对角线允许偏差值为≤2.0mm，采用搭接时对角线允许偏差值为≤5.0mm；

（3）采用对接时边缘直线度允许偏差值为2.0mm（全长），采用搭接时边缘直线度允许偏差值为5.0mm（全长）；

（4）变形板与样板的间隙≤4mm（用弦长2m样板检查）。

7. 气柜壁板及加强筋制作尺寸允许偏差值为多少？

（1）壁板预制宽度、长度允许偏差值为 −1.0 ~ +5.0mm；

（2）对角线偏允许偏差值为≤5.0mm；

（3）加劲肋弧度矢高允许偏差值为5.0mm；

（4）加劲肋扭曲允许偏差值为3.0mm/全长。

8. 气柜立柱制作尺寸允许偏差值为多少？

（1）立柱长度允许偏差值为 ±2.0mm；

（2）端面与柱中心线垂直度允许偏差值为 $h/1000$（h 为柱截面积高度）；

（3）截面宽度允许偏差值：一般部位为 ±3.0mm，接口为 ±2.0mm；

（4）截面高度允许偏差值：一般部位为 ±2.0mm，接口为 ±1.0mm；

（5）弯曲度矢高允许偏差值为 $H/1500$，且 < 6.0mm（H 为立柱长度）；

（6）柱身扭曲允许偏差值为≤3.0mm/10000.0mm；

（7）腹板偏心允许偏差值为≤2.0mm；

（8）翼缘总倾斜允许偏差值为 $B/100$，且 $\leqslant 2.0$mm（B 为翼缘宽）；

（9）孔中心与腹板中心允许偏差值为 ± 1.0mm；

（10）任意孔距允许偏差值为 ± 1.5mm；

（11）孔定位中心线距允许偏差值为 ± 1.0mm。

9. 柜顶梁制作尺寸允许偏差值为多少？

（1）柜顶梁弦长允许偏差值为 $0.0 \sim +10.0$mm（按放样尺寸）；

（2）柜顶梁弧度矢高允许偏差值为 4.0mm/2m、10.0mm/9m（按放样尺寸）；

（3）柜顶梁侧曲允许偏差值为 3.0mm/9.0m；

（4）柜顶环梁宽度允许偏差值为 ± 2.0mm；

（5）环梁弦长允许偏差值为 $+3.0$mm/6.0m；

（6）环梁弧度矢高允许偏差值为 ± 4.0mm/6.0m；

（7）环梁侧曲允许偏差值为 3.0mm/6.0m。

10. 气柜活塞系统制作允许偏差值为多少？

（1）活塞系统高度允许偏差值为 ± 3.0mm；

（2）活塞系统宽度允许偏差值为 $+3.0$mm；

（3）活塞系统侧弯允许偏差值为 $\leqslant 2.0$mm；

（4）活塞系统扭曲允许偏差值为 $\leqslant 3.0$mm；

（5）活塞系统檩条弧长允许偏差值为 ± 2.0mm；

（6）活塞系统檩条弧度矢高允许偏差值为 $0 \sim 4.0$mm；

（7）活塞系统孔距允许偏差值为 ± 2.0mm；

（8）活塞檩条扭曲允许偏差值为 3.0mm。

11. 气柜 T 围栏制作尺寸允许偏差值为多少？

（1）T 围栏高度允许偏差值为 ± 3.0mm；

（2）T围栏宽度允许偏差值为 +3. 0mm；

（3）T围栏侧弯允许偏差值为 ≤2. 0mm；

（4）T围栏扭曲允许偏差值为 ≤3. 0mm；

（5）T围栏檩条弧长允许偏差值为 ±2. 0mm；

（6）T围栏檩条弧度矢高允许偏差值为 4. 0mm；

（7）T围栏孔距允许偏差值为 ±2. 0mm；

（8）T围栏活塞檩条扭曲允许偏差值为 3. 0mm。

12. 气柜密封装置制作允许偏差值为多少？

（1）密封型钢每段弦长允许偏差值为 -2. 0 ~ -1. 0mm；

（2）密封型钢弧度矢高允许偏差值为 3. 0mm/6000. 0mm；

（3）密封型钢孔距、孔边距（任意孔距）允许偏差值为 ±0. 5mm；

（4）压板孔距（任意孔距）允许偏差值为 ±0. 5mm；

（5）压板长度、宽度允许偏差值为 ±1. 0mm；

（6）压板弧长允许偏差值为 ±1. 0mm；

（7）压板弧度矢高允许偏差值为 1. 5mm；

（8）波形板长度、宽度允许偏差值为 ±3. 0mm；

（9）波形板孔距允许偏差值为 ±1. 0mm。

13. 气柜调平系统制作允许偏差值为多少？

（1）调平系统支架长度允许偏差值为 ±3. 0mm；

（2）调平系统支架宽度允许偏差值为 ±3. 0mm；

（3）调平系统滑轮直径允许偏差值为 ±1. 0mm；

（4）调平配重导轨宽度允许偏差值为 ±1. 0mm；

（5）调平配重导轨直线度允许偏差值为 $L/1500$（L 为导轨每段长度）。

14. 气柜放散阀制作允许偏差值为多少?

(1)放散阀体垂直度允许偏差值为 0.5mm;

(2)阀口平面度允许偏差值按设计要求;

(3)阀口粗糙度允许偏差值按设计要求。

15. 中幅板如何铺设?

(1)铺设中心定位板,同时应将底板中心线返划在此板上,并打上样冲眼;

(2)其余中幅板按从内向外顺序铺设,边铺边点焊,保证搭接偏差;

(3)铺板时,板材与基础必须接触严密。

16. 边缘板如何铺设?

(1)第 1 圈边缘板板间为带垫板对接接头,其余圈板间及各圈板之间为搭接,如图 2-6-2 所示边缘板铺设顺序为由外向内;

图 2-6-2　边缘板铺设顺序示意图

(2)每圈边缘板下料及搭接铺设时应计入焊接收缩量,计算公式为:$a = n\Delta/2\prod$,其中 a 为单圈板的径向收缩量,n 为单圈板圆周方向焊接接头数量,Δ 为每个接头的焊接收缩量,取 $\Delta = 2$mm;

(3)边缘板垫板点焊在任意一张板上。

17. 气柜活塞板如何铺设?

(1)活塞底板曲率同柜底,直接在柜底板上面铺设;中幅板、边缘板铺设同柜底板;

(2)根据施工图纸在活塞板上画出活塞支腿、活塞顶部各个附件的位置,并打上样冲眼,做好标记。

18. 底板、活塞板安装前的质量验收要求和检验方法有哪些？

底板、活塞板安装前的质量验收要求和检验方法见表 2-6-1。

表 2-6-1 底板、活塞板安装前的质量验收要求和检验方法表

项次	项目	质量标准和允许偏差	检验方法和数量
1	构件质量	符合设计要求及预制质量要求，因运输和吊装造成的变形须矫正	检查构件合格证，观察、拉线、尺量检查 全数检查
2	基础质量	基础必须经过复检合格	检查基础测量资料和复查复检记录交接单
3	外观	表面应干净，无焊疤、油污和泥沙	同类构件检查观察 10%，且不少于 3 件

19. 底板、活塞板安装质量要求和检验方法有哪些？

底板、活塞板安装质量验收要求和检验方法见表 2-6-2。

表 2-6-2 底板、活塞板安装质量验收要求和检验方法表

项次	项目	质量标准和允许偏差/mm	检验方法和数量
1	底板搭接长度	≥s(s 为设计搭接值)	用尺检查，抽查点间距不大于 5m
2	板对接间隙	±1.0	
3	平整度	≤60.0	拉线检查，用 2m 样板检查

20. 气柜立柱如何安装？

（1）立柱安装，根据基础实测尺寸调整立柱之间的间距。然后把调直完的立柱在壁板上摆放到位，测量两立柱的间距和对角线，符合要求后再进行与加强角钢的连接；

（2）第一节立柱外侧设置拖拉绳，以便安装壁板时随时校正立柱垂直度(因安装壁板时，由于壁板自重及焊接收缩变形的影响，导致立柱随时可能向内倾斜，最终影响柜体安装精度)；

(3)气柜立柱安装如图2-6-3所示。

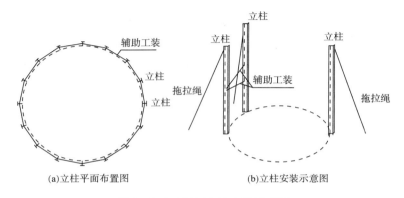

(a)立柱平面布置图　　　　　　　　(b)立柱安装示意图

图2-6-3　气柜立柱安装示意图

21. 气柜立柱安装前的质量验收要求和检验方法有哪些?

气柜立柱安装前的质量验收要求和检验方法见表2-6-3。

表2-6-3　气柜立柱安装前的质量验收要求和检验方法表

项次	项目	质量标准和允许偏差	检验方法和数量
1	构件质量	符合设计要求及预制质量要求，因运输及吊装造成的变形必须矫正	检查构件合格证，观察、拉线、尺量检查、全数检查
2	标记	中心线及标高基准点等标记完备	观察检查，抽查10%且不少于3件
	外观质量	表面应干净、无焊疤、油污和泥沙	同类构件检查观察10%，且不少于3件

22. 立柱安装验收要求和检验方法有哪些？

立柱安装验收要求和检验方法见表2-6-4。

表2-6-4 立柱安装验收要求和检验方法表

项次	项目		质量标准和允许偏差/mm		检验方法和数量
1	基柱	立柱中心线对定位轴线偏移	径向	±3.0	用经纬仪、水准仪、钢尺及弹簧秤检查 全数检查
			切向	2.0	
		基柱标高		±3.0	
		相邻柱标高差		2.0	
		切向垂直度		$H/1250$（H为立柱长度）	
		径向垂直度		$H/1250$（H为立柱长度）	
	后续柱	相邻柱间距		±5.0	
		切向垂直度		$H/1000$，全高35.0（H为立柱长度）	
		径向垂直度		$H/1250$，全高30.0（H为立柱长度）	
		相对两柱间距		-10.0，+30.0	
		总体高度		±15	
2	板对接间隙			±1.0	
3	平整度			≤60.0	拉线检查，用2m样板检查

23. 气柜壁板如何安装？

（1）第一圈壁板安装 在底板上划出壁板内径圆，划完圆后，打上样冲眼，做好明显标记，在设计圆内侧，每500mm点焊一个临时挡板，挡板与壁板间加一块垫板，单圈板立缝组装后焊接前将挡板打掉。

（2）第一圈壁板找正 调整壁板垂直度，吊线坠用尺检查，边调整边进行支撑，如图2-6-4所示。调整水平度，用玻璃管水平仪每2m测一点，若水平度偏差值较大，应及时分析原因，直至调整合格为止。

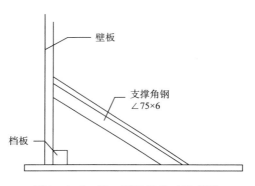

图2-6-4　第一圈壁板找正示意图

（3）其他各圈壁板安装　同第一圈壁板安装方法相同，仅将背杠上移。安装上一圈壁板时，必须待下一圈壁板焊接完后方可安装，如图2-6-5所示。

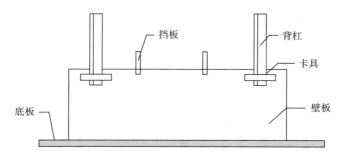

图2-6-5　其他各圈壁板安装示意图

24. 气柜壁板安装前质量验收要求和检验方法有哪些？

气柜壁板安装前质量要求和检验方法见表2-6-5。

表 2-6-5　气柜壁板安装前质量要求和检验方法表

项　次	项　目	质量标准和允许偏差	检验方法和数量
1	构件质量	符合设计要求及预制质量要求，因运输和吊装造成的变形必须矫正	检查构件合格证，观察、拉线、尺量检查全数检查
2	外观	表面应干净，无焊疤、油污和泥沙	全数观察检查

25. 壁板安装质量验收要求和检验方法有哪些？

壁板安装质量验收和检验方法见表 2-6-6。

表 2-6-6　壁板安装质量验收和检验方法表

项　次	项　目	质量标准和允许偏差/mm	检验方法和数量
1	搭接尺寸	≥s(s 为设计搭接值)	每块 2 点，用 2m 长样板尺量检查
2	板对接间隙	35.0/2000	全数检查

26. 气柜柜顶梁及中心环如何安装？

（1）以柜体中心为基准，将柜顶环梁按设计图纸进行等分，划出主梁位置线，并核对与立柱的方位。

（2）将柜顶梁桁架安装就位，安装时对称安装。在活塞底板和柜顶梁间设置支撑，对支撑进行找正保证垂直度，具体形式如图 2-6-6 所示。安装后暂时先与顶梁圈用焊接点固，每组顶梁主弦梁与外圈环板连接板在吊装时安装，当所有顶梁组吊装就位后对称点焊顶梁主梁与外圈环板的连接板。

（3）柜顶梁安装示意如图 2-6-6 所示。

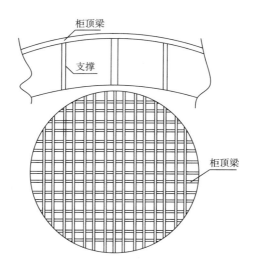

图 2-6-6　柜顶梁安装示意图

27. 柜顶梁及中心环安装前质量验收要求和检验方法有哪些?

柜顶梁及中心环安装前质量要求和检验方法见表 2-6-7。

表 2-6-7　柜顶梁及中心环安装前质量要求和检验方法表

项次	项目	质量标准及允许偏差	检验方法和数量
1	构件质量	符合设计要求及预制质量要求，因运输和吊装造成的变形必须矫正	检查构件合格证，观察、拉线、尺量检查 全数检查
2	外观	表面应干净，无焊疤、油污和泥沙	同类构件观察检查 10%，且不少于 3 件

28. 柜顶梁及中心环安装质量要求和检验方法有哪些?

柜顶梁及中心环安装质量要求和检验方法见表 2-6-8。

表 2-6-8　柜顶梁及中心环安装质量要求和检验方法表

项　次	项　目	质量标准及允许偏差/mm	检验方法和数量
1	主梁之间距离	±10.0	抽查 10% 用水准仪、尺量检查
2	次梁之间距离	±20.0	
3	主梁拱顶标高	+10.0 ~ +50.0	
4	柜顶环梁水平度	±5.0	检查每柱 1 点、用水准仪、挂线、尺量检查
5	立柱与柜顶环梁间距	±30.0	
6	中心环标高偏差 中心位移 水平度	+10.0 ~ +50.0 ≤10.0 ≤10.0	尺量、挂线检查全数检查
7	顶架跨度半径偏差	±10.0	
8	顶架侧弯	$L/1000$，且 <10.0 （L 为顶架长度）	

29. 气柜柜顶板如何安装?

(1)安装顶板，预留最外圈顶板不安装，留待以后提升气柜顶部时用做钢丝绳通道;

(2)用塔吊将顶板铺设到位，先铺从外往里的第二圈顶板，铺一张点焊一张，依次向中心铺设，待全部铺设点焊完后，进行整体焊接;

(3)柜顶开孔:按照图纸尺寸，划出柜顶接管、开孔位置，经检查无误后进行开孔，接管焊接时在顶板下部加固。

30. 柜顶板安装前质量验收要求和检验方法有哪些?

柜顶板安装前质量要求和检验方法见表 2-6-9。

表 2-6-9　柜顶板安装前质量要求和检验方法表

项　次	项　目	质量标准及允许偏差	检验方法和数量
1	构件质量	符合设计要求及预制质量要求，因运输和吊装造成的变形必须矫正	检查构件合格证，观察、拉线、尺量检查 全数检查
2	外观	表面应干净，无焊疤、油污和泥沙	同类构件观察检查10%，且不少于3件

31. 柜顶板安装质量要求和检验方法有哪些？

柜顶板安装质量要求和检验方法见表 2-6-10。

表 2-6-10　柜顶板安装质量要求和检验方法见表

项　次	项　目	质量标准及允许偏差/mm	检验方法和数量
1	板搭接尺寸	≥s(s 为设计值)	拉线、尺量检查，用2m 样板，检查点间距不大于 5m，抽检点数应均匀分布
2	柜顶板局部凹凸	≤60.0	

32. 活塞架及波形板如何安装？

分段预制安装砼坝外壳(最后一段预留 200mm)，安装焊接成整圈。活塞围栏分片预制(安装焊接所有梁、节点板)，逐片安装活塞围栏，安装水平梁、垂直拉杆、分段安装平台、波形板，控制活塞围栏与柜壁的距离从而保证围栏顶部外围角钢与 T 围栏下端内侧型钢间的尺寸偏差。安装示意如图2-6-7 所示。

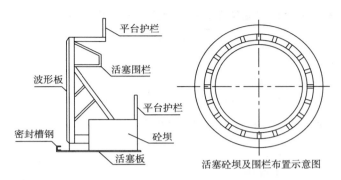

图 2-6-7 活塞架及波形板安装示意图

33. 活塞架及波形板安装前质量验收要求和检验方法有哪些？

活塞架及波形板安装前质量验收要求和检验方法见表2-6-11。

表 2-6-11 活塞架及波形板安装前质量验收要求和检验方法表

项次	项目	质量标准及允许偏差	检验方法和数量
1	构件质量	符合设计要求及预制质量要求，因运输和吊装造成的变形必须矫正	检查构件合格证，观察、拉线、尺量检查 全数检查
2	外观	表面应干净，无焊疤、油污和泥沙	同类构件观察检查10%，且不少于3件

34. 活塞架及波形板安装质量要求和检验方法有哪些？

活塞架及波形板安装质量验收要求和检验方法见表2-6-12。

表 2-6-12　活塞架及波形板安装质量验收要求和检验方法表

项次	项　目		质量标准及允许偏差/mm	检验方法和数量
1	活塞架垂直度	切向方向	5.0	用经纬仪或挂线检查全数检查
		径向方向	±5.0	
2	活塞架顶面标高差		≤10.0	水准仪、经纬仪、全站仪、尺量检查检查数量为立柱数量的两倍，检查点均匀分布
3	活塞架环梁外侧与T围栏内侧密封型钢间距		±20.0	
4	活塞架定位		径向±5.0，切向5.0	
5	波形板间隙偏差		≤5.0	

35. T围栏及波形板如何安装?

T围拦架台应该在预制厂预制成片，在壁板安装完成后进行片的安装，然后安装周向梁、平台及垂直支撑，安装过程中保证单片的垂直度及安装半径。

T围栏直接在T围栏架台上组装。底板及密封件直接在T围栏架台上铺设，密封件对口时保证螺栓孔的间距。密封件安装时以柜壁和活塞上的密封件螺栓孔为基准，密封件安装时应保证水平度及螺栓孔相对位置。T围栏支架按图纸预制框，预制组装时控制顶梁标高为负偏差。分框顺序安装，成整体后安装各层支撑、平台、波形板、劳动保护等。安装示意如图 2-6-8 所示。

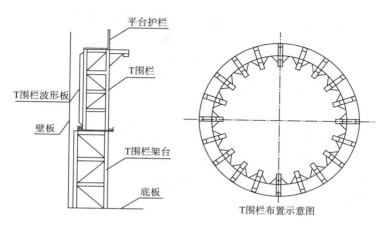

T围栏布置示意图

图2-6-8 T围栏及波形板安装示意图

36. T围栏及波形板安装前质量验收要求和检验方法有哪些?

T围栏及波形板安装前质量验收要求和检验方法见表2-6-13。

表2-6-13 T围栏及波形板安装前质量验收要求和检验方法表

项次	项目	质量标准及允许偏差	检验方法和数量
1	构件质量	符合设计要求及预制质量要求,因运输和吊装造成的变形必须矫正	检查构件合格证,观察、拉线、尺量检查 全数检查
2	外观	表面应干净,无焊疤、油污和泥沙	同类构件观察检查10%,且不少于3件

37. T围栏及波形板安装质量要求和检验方法有哪些?

T围栏及波形板安装质量验收要求和检验方法见表2-6-14。

表 2-6-14　T 围栏及波形板安装质量验收要求和检验方法表

项次	项目		质量标准及 允许偏差/mm	检验方法和数量
1	T 围栏 架台	定位	径向 0 ～ +5.0，切向 5.0	用经纬仪或挂线检查 全数检查
		垂直度	H/1000，且 <25 （H 为 T 围栏下部托架高度）	
2	T 围栏 支架	定位	径向 0 ～ +5.0，切向 3.0	
		垂直度	H/1500，且 <15.0 （H 为 T 围栏高度）	
3	T 围栏组装后水平度		±12.0	检查 2n 点，用水准 仪、尺量检查（n 为立 柱数）
4	T 围栏与侧板间距		±25.0	
5	波形板间隙偏差		≤5.0	检查数量为立柱数量 的两倍，检查点均匀 分布

38. 调平装置如何安装？

（1）调平架台安装：

①调平导轮支架整体预制，待气柜顶盖施工完后整体安装。

②配重导架随壁板安装顺序，在环形走道处分三段进行安装。

③直梯、栏杆、斜撑待调平导轮支架安装后应立即安装。

（2）托轮底座，滑轮和配重等安装：

①托轮底座待顶板安装完后安装。

②滑轮为组合件，待支架安装后依次安装导向滑轮，安装时注意保证滑轮的标高和垂直度。钢丝绳按顺序安装，保证每根钢丝绳长度基本相同。

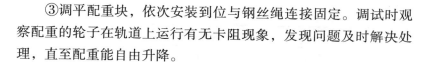

③调平配重块，依次安装到位与钢丝绳连接固定。调试时观察配重的轮子在轨道上运行有无卡阻现象，发现问题及时解决处理，直至配重能自由升降。

39. 调平系统安装前质量验收要求和检验方法有哪些？

调平系统安装前质量验收要求和检验方法见表2-6-15。

表2-6-15 调平系统安装前质量验收要求和检验方法表

项 次	项 目	质量标准及允许偏差/mm	检验方法和数量
1	构件质量	符合设计要求及预制质量要求，因运输和吊装造成的变形必须矫正	检查构件合格证，观察、拉线、尺量检查全数检查
2	调平主滑轮中心偏移	3.0	用经纬仪、水准仪、挂线、尺量检查全数检查
3	滑轮垂直度	2.0	
4	外观	表面应干净，无焊疤、油污和泥沙	同类构件观察检查10%，且不少于3件

40. 调平系统安装质量要求和检验方法有哪些？

调平系统安装质量验收要求和检验方法见表2-6-16。

表2-6-16 调平系统安装质量验收要求和检验方法表

项 次	项 目	质量标准及允许偏差/mm	检验方法和数量
1	导向滑轮安装	安装牢固、角度正确、转动灵活	观察、尺量和用小锤检查全数检查

续表

项次	项目	质量标准及允许偏差/mm	检验方法和数量
2	支架中心线偏移	5.0	
3	支架垂直度	$L/1000$（L 为支架全长）	
4	支架上表面标高	±5.0	用经纬仪、水准仪、挂线、尺量检查 全数检查
5	配重导轨垂直度	$L/1000$，且 ≤25.0（L 为导轨全长）	
6	钢丝绳垂直度	$H/1500$（H 为钢丝绳导向轮至固定点的长度）	
7	任意钢丝绳张力差	≤20%	拉力计
8	配重机构	运行平稳，没有异常声响	全数检查

41. 放散装置如何安装？

（1）放散管随壁板和走道的安装而定，放散管件各分三段进行安装，即在每层走道的位置进行分段，最上段需将放散平台安装好后一起安装；

（2）放散阀为组合件安装于放散管顶部，与之相连的一套自动启闭装置和滑轮组安装于气柜顶部，手动卷扬机安装于坝上，用于提升放散阀。

42. 放散装置安装前质量验收要求和检验方法有哪些？

放散装置安装前质量验收要求和检验方法见表2-6-17。

表 2-6-17　放散装置安装前质量验收要求和检验方法表

项次	项目	质量标准及允许偏差	检验方法和数量
1	构件质量	符合设计要求及预制质量要求，因运输和吊装造成的变形必须矫正	检查构件合格证，观察、拉线、尺量检查 全数检查

续表

项　次	项　目	质量标准及允许偏差/mm	检验方法和数量
2	放散阀	安装前地面上做气密性试验，试验压力为设计压力，不泄漏为合格，放散阀安装到柜顶时应调整阀口水平度	压力表、肥皂水检查全数检查
3	外观	表面应干净，无焊疤、油污和泥沙	观察检查

43. 放散装置安装质量要求和检验方法有哪些？

放散装置安装质量验收要求和检验方法见表 2-6-18。

表 2-6-18　放散装置安装质量验收要求和检验方法表

项　次	项　目	质量标准及允许偏差/mm	检验方法和数量
1	放散管立管局部垂度	每段 L/1000（L 为放散管每段长）	挂线或用经纬仪检查
2	放散管全高垂直度	≤30.0	全数检查
3	滑轮、轴承	运转灵活、有效、无卡塞	全数检查

44. 密封装置如何安装？

（1）橡胶密封膜用人工方法逐渐展开，露出所有吊点，按吊点顺序安装夹具；

（2）安装吊点夹具时，加装吊装保护布，以提高吊点强度，分散应力，确保安全；

（3）橡胶密封膜是软体物件，整体吊装，吊装时应保证橡胶密封膜各吊点受力均匀一致，上升（下降）速度同步，避免应力集中造成撕扯；

（4）安装时，在密封角钢、槽钢上粘贴密封胶，密封胶粘贴中不得拉伸，螺栓紧固后，应将密封胶挤出；

（5）安装时橡胶密封膜上、下端螺栓孔应保持在同一垂直面内，上下一一对应，不得有偏斜或错位安装；

（6）橡胶密封膜与钢结构连接固定后，应避免螺栓、帽、垫片、护板、压铁等坠落造成的冲击碰撞；

（7）橡胶密封膜安装后，柜内禁止一切动火作业。

45. 密封装置安装前质量验收要求和检验方法有哪些？

密封装置安装前质量验收要求和检验方法见表2-6-19。

表2-6-19　密封装置安装前质量验收要求和检验方法表

项　次	项　目	质量标准及允许偏差	检验方法和数量
1	构件质量	符合设计要求及预制质量要求，因运输和吊装造成的变形必须矫正	检查构件合格证，观察、拉线、尺量检查全数检查
2	外观	表面应干净，无焊疤、油污和泥砂	观察检查
3	橡胶膜安装上下螺栓对应情况	上下孔一一对应	挂线或用经纬仪检查全数检查

46. 密封装置安装质量要求和检验方法有哪些？

密封装置安装质量验收要求和检验方法见表2-6-20。

表2-6-20　密封装置安装质量验收要求和检验方法表

项　次	项　目	质量标准及允许偏差/mm	检验方法和数量
1	波纹板竖向间隙	±5.0	钢尺检查全数检查
2	密封型钢接头处孔距	±1.0	钢尺检查全数检查

续表

项 次	项 目	质量标准及允许偏差/mm	检验方法和数量
3	型钢相邻两孔间距	±0.5	钢尺检查 全数检查
4	密封胶	充填饱满	观察检查

47. 气柜如何调试?

(1)调试前准备:

①全面检查柜体,清理密封膜周边杂物;

②机、电、仪设备独立运转良好;

③在柜壁内侧四条中心线位置的全高程中每米做一临时标记,以观察活塞升降位置及倾斜情况。

(2)试运转调整:

①试运转以充空气的方式进行,包括活塞慢速升降、快速升降及各部装置的试验及调整;

②活塞慢速升降试验控制在 0.1~0.2m/min,活塞每升高 1m 观察一次各部件的数据,对超标的项目进行调整;

③快速升降试验待慢速升降实验结束后进行,其速度不低于 1.0m/min;

④气柜进出口设闸阀控制;气柜升降中活塞倾斜过大或胶膜状态不正常时应立即停止鼓风并及时进行调整;试验结束后,应将活塞保持在 2m 高度。

(3)气密性试验:

①活塞板、壁板的气密焊缝和密封胶膜的黏接缝可在试运转中或试运转后直接用肥皂水对气密焊缝做 100% 检漏试验;

②试运转完毕后,对气柜总体进行间接气密性试验,将进出气口盲严,按容积测定法检验气柜严密性。

48. 气柜调试质量验收要求和检验方法有哪些?

气柜调试质量验收要求和检验方法见表2-6-21。

表2-6-21　气柜调试质量验收要求和检验方法表

类别		项目	质量标准 合格		检验方法
主控项目	1	进口出道	无泄漏		气密性试验
	2	阀门安装	开启灵活无泄漏		气密性试验
	3	活塞升降速度	达到设计要求		计量观察
	4	整体气密性	符合设计要求		气密性试验记录
	5	活塞倾斜	≤±30.0mm		竖向:全行程每2~4带不少于5次进行测量 环向:在有调平吊点处取点测量
	6	活塞旋转	沿圆周运动≤50.0mm		竖向:全行程每3带不少于5次进行测量 环向:在有调平吊点处取点测量用尺量
	7	外密封间距	偏差	±120.0mm	竖向:全行程每3带不少于5次进行测量
		内密封间距	偏差	±145.0mm	环向:在有调平吊点处取点测量用尺量
一般项目	8	柜容指示	转动灵活		观察检查
	9	压力波动 $P_{max} \sim P_{min}$	按设计要求		压力表测量
	10	活塞压力值偏差	设计值的10%		压力表测量

注:(1)外密封间距指两段式气柜T围栏与侧板间距。

　　(2)内密封间距指两段式气柜活塞架梁外周与T围栏内侧密封型钢间距。

　　(3)密封间距指单段式气柜的活塞与侧板间距。

第二节　湿式气柜安装

1. 安装需准备哪些施工机具？

滚板机、钻床、剪板机、大锤、电动葫芦、手拉葫芦、经纬仪、水准仪、挂线、量尺等。

2. 气柜基础验收时其外形尺寸允许偏差要求有哪些？

（1）基础中心线坐标与设计要求坐标的允许偏差应为 ±20mm，环形基础标高的允许偏差应为 ±10mm；

（2）环形基础的外径允许偏差应为 +50 ～ −30mm，宽度允许偏差应为 +50 ～ 0mm；

（3）环形基础上表面应平整，上表面在抹灰找平之后其水平允许偏差应为 ±5mm；水平偏差用水平仪检查，其测点应在水槽壁的位置上，测点间距为 2m；

（4）环形基础内应呈圆锥状向中心突起，其突起高度应不小于水槽直径的 1%；

（5）基础面层采用沥青砂层时，基础表面抹平后，任意方向上不应有突起的棱角，从中心向周边拉线测量，基础表面凹凸度不应大于 25mm。

3. 气柜板件预制有哪些要求？

（1）壁板采用预制大块板组装时，预制板块宜在胎具上组装焊接；

（2）钟罩顶板采用自支承罩顶时，顶瓜皮板应在胎具上成型，并应用肋形样板检查，间隙不应大于 5mm。带肋罩顶板应在肋板焊接后脱胎。

（3）水槽及塔节弧形钢板的尺寸允许偏差应符合表2-6-22的规定。滚圆后用1.5m弧形样板检查，间隙不应大于2mm。钢板宽度方向上用直线样板检查，间隙不应大于1mm。对角线扭曲允差不应大于3mm。

（4）壁板钢板尺寸允许偏差见表2-6-22。

表2-6-22　壁板钢板尺寸允许偏差　　　　　　　mm

测量部位如图2-6-9所示		环缝对接时允许偏差	环缝搭接时允许偏差
板宽（AD、BC）		±1	±2
板长（AB、CD）		±1.5	±1.5
对角线长度差（AC、BD）		≤2	≤3
直线度	（AD、BC）	≤1	≤1
	（AB、CD）	≤2	≤2

图2-6-9　壁板钢板尺寸允许偏差示意图

4. 水封挂圈预制有哪些要求？

（1）构成上、下水封环形钢板或环形槽钢与其相连接的塔节上、下带板和侧立板可分段预制。带板、环形板、立板及其加强扁钢之间的接口应错开200mm以上，各段两端接口线的夹角应准确。

（2）环形板或环形槽钢的圆度允许偏差应采用1.5m弧形样板检查，其间隙不应大于2mm，平面度允许偏差应为±3mm。

（3）水封挂圈预制时，构件位置应正确无误，搭接钢板间隙应小于1mm。

（4）焊好的水封预制件应进行检查，对其变形部分要进行修整。其环形板平面度允许偏差应为 ±3mm，水封槽口的宽度允许偏差应为 −5 ~ +10mm。

5. 钢结构件立柱预制有哪些要求？

（1）各塔立柱下料后，应先初步矫形，然后组合焊接。焊接完工的组件应进行二次矫形，其全长直线度偏差不应超过 4mm，立柱的断面翘曲不应大于 2mm。

（2）立柱的外形尺寸应符合图纸要求，安装螺孔位置应准确。

6. 顶架预制有哪些要求？

（1）钟罩采用拱架结构时，其顶架制作可按单构件放样下料及煨弯，也可制作成若干榀组装件。组装的胎具圆弧尺寸、中心起拱高度、安装用节点连接板位置、尺寸及安装螺孔的位置与尺寸应符合设计文件的规定。

（2）预制的构件长度允许偏差应为 +5 ~ 0mm，径向主梁及次梁构件的圆弧弯曲度在每米长度上应小于或等于 1.5mm，全长弧度允许偏差应为 +10 ~ 0mm。

7. 螺旋导轨预制有哪些要求？

（1）螺旋式气柜导轨预制时，应先采用机械或热煨方法初步加工成 45° 螺旋角，使其基本符合线型。再在胎具上矫形，使其符合胎具线型要求。

（2）螺旋导轨加工后的弧度应符合设计文件规定，且不得有过烧、裂纹、急弯及不符合设计要求的扭曲现象。

（3）螺旋导轨下部垫板应加工成与导轨一致的螺旋线，其对接焊缝应在与导轨拼焊前焊接，对接两板之间不应有错边，焊后两面焊缝余高应磨平。

（4）螺旋导轨、垫板的钻孔以及导轨两端与塔体上、下带板连接用的螺栓孔的钻孔，应在导轨与垫板全部焊接完毕并经校正验收后进行。钻孔宜用样板进行。

8. 螺旋导轨预制件的质量有哪些要求？

（1）导轨接头的焊接缝不应有裂纹、弧坑、咬口和未焊透等缺陷。导轨与导轮接触面焊缝应磨平。

（2）导轨加工后不应有过烧、裂缝等缺陷。其表面锤击疤痕深度不应大于1.5mm。

（3）导轨线型应光顺，不应有急弯和不符合设计要求的扭曲现象。其表面锤击疤痕深度不应大于1mm。螺旋导轨加工后其弯曲弧度的允许偏差：径向应为±5mm，周向应为±3mm。

（4）导轨与胎架面板之间的间隙值不应大于2mm，如图2-6-10所示。

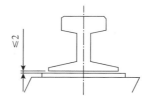

图2-6-10　导轨与胎架面板之间的间隙示意图

（5）导轨腹板垂直度允许偏差应为±2mm，如图2-6-11所示。

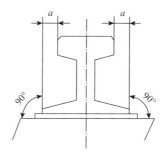

图2-6-11　导轨腹板垂直度示意图

9. 直升气柜导轨预制的质量有哪些要求？

（1）直升气柜内、外导轨下料前应进行校直。预制后，内、外导轨直线度10m内不应超过3mm，全长不应超过5mm，断面翘曲不应大于2mm。

（2）直升气柜内外导轨接头的连接应采用焊接连接，导轨与导轮接触面焊缝应磨平，焊缝不应有裂纹、弧坑、咬口等缺陷。

（3）无外导架直升气柜外导轨与垫板的焊接应采用搭接接头。

10. 水槽平台、塔体底环、钟罩顶边环分段预制有哪些要求？

（1）水槽平台、塔体底部、钟罩顶边环等环形构件的圆度允许偏差应采用1.5m样板检查，其间隙不应大于2mm，平面度允许偏差应为±5mm，不应有严重的翘曲现象；

（2）构件的加工成型不应采用降低钢材质量的方法，热煨成型的型钢其壁厚减薄量不应超过1mm，表面疤痕深度应小于1.5mm，且不应有过烧现象；

（3）型钢的接口与壁板、梁、柱端部结点焊缝应错开150mm以上。

11. 导气管预制有哪些要求？

（1）导气管预制长度应符合图纸要求，焊缝外观检查应合格。

（2）导气管焊缝应进行煤油渗透试验。当无法进行煤油渗透试验时，可采用水压试验，试验压力取0.12MPa。

12. 气柜的组装有哪些要求？

（1）底板的组装宜采取先铺设出中心条板（对小块板组装）或中心定位板（对预制成大块板组装），再由中心条板或中心定位板向两侧顺序铺设其他条板及边板的顺序；

（2）底板焊接后，应保持底板下层充满沙子。底板的局部凹凸变形的深度不应大于变形长度的2%，且不应超过50mm。底板安装验收合格后应进行底板划线，内容包括底板中心线、水槽、各活动塔节壁的圆周线（以内径为基准），以及立柱、垫梁、导轨、导轮等位置线，并应做出明显标志。圆周线的实际划线半径应按下式确定：

$$R_b = \sqrt{r_b{}^2 + h_b{}^2} + \Delta r$$

式中　R_b——水槽、各活动塔节壁圆周线的实际划线半径，mm；

　　　r_b——壁板下带板内半径，mm；

　　　h_b——基础中心起拱高度，mm；

　　　Δr——焊接径向收缩量，mm。

13. 水槽壁板组装应有哪些要求？

水槽壁组装应在底板焊缝焊完后进行，可采用正装法或倒装法。组装质量应符合下列要求：

（1）组装后的水槽壁每带壁板垂直度偏差不应超过2mm，水槽壁总高垂直度偏差应不超过总高的1‰；

（2）水槽最上带板和最下带板的直径允许偏差应为±10mm；

（3）沿水槽壁的周长应检测在安装导轮处各点壁板上口的水平度，其允许偏差应为±10mm；

（4）用1.5m弧形样板沿水平方向与垂直方向检测壁板内表面的局部凹凸度，局部凹凸度不应大于13mm，局部形状偏差应沿所测长度逐渐变化，不应有突变；

（5）垫梁在底板上就位后，应对全圆周上的垫梁上表面进行测量，其高度允许偏差应为±2mm，若偏差过大，应在垫梁下垫铜板找平，然后进行施焊固定。

14. 塔节安装应有哪些要求？

（1）预制好的下挂圈应沿挂圈的基准线安装，用螺栓连接，使下挂圈成一整体，并应检查其半径、垂直度及水平偏差。

（2）对于下挂圈上内立柱的安装位置，应在确认无误后，方可安装内立柱。组装后的立柱垂直度，径向与周向不应大于高度的1‰。立柱中心位置的周向允许偏差应为+10～0mm，两立柱的弦长允许偏差应为+5～0mm。

（3）上挂圈的安装可在立柱安装后进行，亦可在导轨、壁板安装后进行。吊装的上挂圈应在校正合格后，方可焊接上挂圈组合件的接口。

（4）壁板组焊时，应先进行导轨垫板上、下两端与挂圈（壁板的上、下带板）的对接焊缝焊接，再进行大块壁板与挂圈的搭接焊缝焊接，最后进行大块壁板与导轨垫板的搭接焊缝焊接。焊接时焊工应沿四周均匀分布，并同时按同一方向移动，对称施焊。壁板组装不应有大于30mm的鼓包。

（5）下挂圈、上挂圈、活动塔节的整体安装的允许偏差见表2-6-23。

表2-6-23　下挂圈、上挂圈、活动塔节整体安装允许偏差表　　mm

项　目	下挂圈在焊接后	上挂圈在焊接后	活动塔节整体
半径允许偏差	±5	±5	±5
垂直度偏差	≤5	≤5	≤塔体总高度1‰
中心线偏差	≤3	≤5	±3
水平度偏差	≤5	≤4（上挂圈水平板）	≤5（上挂圈水平板）

（6）安装螺栓孔应采用密封焊并进行渗透检测。

（7）下挂圈安装完毕后应充水试验，所有焊缝应不渗漏。

15. 螺旋导轨安装有哪些要求？

（1）螺旋导轨安装前，应复查上、下挂圈处半径偏差，并应根据设计位置在挂圈上准确地标出导轨的找正点。

（2）应根据塔体的实际周长并以基线为准，确定出导轨位置，再焊好定位角钢；各导轨螺旋线在塔体圆周线上的间距允许偏差应为 ±3mm。

（3）导轨就位后，应校正其位置，相邻两导轨间的平行度允许偏差应为 +16~0mm；径向允许偏差应为 ±5mm。

（4）每根导轨测点不应少于3点，合格后方可焊接。

16. 直升气柜外导架的安装有哪些要求？

（1）外导架安装前应检查其直线度，直线度允许偏差应为外导架高度的 +1‰~0‰；

（2）导轨安装后垂直度允许偏差应为外导架高度的 +1‰~0‰，且径向不应超过10mm，切向不应超过15mm；

（3）两对称导轨位置的直径允许偏差应为 ±10mm，相邻两导轨间的弦长允许偏差应为 +5~0mm；

（4）导轨与导轮的接触面的凹凸不平不应大于2mm；

（5）在导轨的位置校正后，方可焊连接板。

17. 无外导架直升气柜外导轨安装有哪些要求？

（1）无外导架直升气柜外导轨的安装顺序和方法与螺旋导轨的安装相同；

（2）各导轨在塔体圆周线上的间距允许偏差应为 ±5mm；

（3）导轨的垂直度允许偏差应为导轨高度的 +1‰~0‰，且径向不应超过6mm，周向不应超过10mm；

（4）导轨与导轮的接触面的凹凸不平不应大于2mm；

（5）导轨检查测点不应少于3点，合格后方可焊接。

18. 内导轨安装有哪些要求？

（1）内导轨垂直度允许偏差应为内导轨高度的 +1‰~0‰，且径向不应超过6mm，切向不应超过10mm；

（2）导轨与导轮的接触面的凹凸不平不应大于 2mm，导轨检查合格后方可焊接。

19. 螺旋气柜的导轮安装有哪些要求？

（1）导轮安装应依据塔体中心线偏差、导轨径向偏差、导轮安装处的水平度、导轮位置处塔节之间的间距来确定其位置；

（2）安装导轮时，应将各塔节之间的间距用螺栓加以固定，待导轮就位并经复测符合要求、将导轮底板焊死后，方可拆除固定螺栓；

（3）导轮安装时，轮轴应调整到两侧均有相等串动量的中间位置，轮缘凹槽和导轨的接触面应有 3~5mm 的间隙，导轮的径向位置应符合导轨升降时任何一点均能顺利通过导轮的要求；

（4）同一塔节上全部导轮的安装就位与测量工作宜选在气温变化较小的时间内进行。

20. 直升气柜的导轮安装有哪些要求？

（1）导轮安装应依据内外导轨的垂直度来确定其位置，当导轨上端向着导轮一侧斜时，导轮和导轨的接触面应留出与倾斜量相等的间隙，反之导轮应紧靠导轨安装；

（2）在导轮就位并经复测符合要求后，方可将导轮底板焊死。

21. 罩顶拱架安装有哪些要求？

（1）拱架的安装宜首先组装罩顶边环的包边角钢。采用倒装法的大型气柜拱架且包边角钢尺寸较小时，应首先安装钟罩壁上带板及其环向加强构件。在检查边环的圆度、位置与尺寸偏差并调整到符合要求和完成焊接后，拱架与边环相连的安装焊缝方可施焊。焊接后的边环允许偏差见表 2-6-24。

表 2-6-24　焊接后的边环允许偏差表

项　目	允许偏差/mm
中心线	≤3
半径	±5
垂直度	≤5
水平度	≤5

（2）安装拱架用的中心支架应具有必要的刚度。拱架中心环在支架上就位后，其顶面应根据拱架的直径大小比设计标高提高50～200mm。中心环的中心线允许偏差应为 +3～0mm，水平度允许偏差应为 +2～0mm。中心环位置应在符合要求后加以固定，以防碰撞移位。

（3）拱架构件的安装顺序应为：先安装主径向梁及环向梁的组装件（指两根主径向梁及其间的环向梁、次径向梁、斜杆等组成的组装件），再安装两幅之间的环向梁与斜杆的组装件（三角架），最后安装次径向梁及环向梁散件。组装件应对称地进行安装并用螺栓固定，使之连成整体，待几何尺寸调整合格后方可进行施焊。

（4）拱架组装后对称梁应成一直线，在中心环处的允许偏差应为 +10～0mm，梁弯曲的弧度应保持预制后的要求。

22. 顶板安装有哪些要求？

（1）拱架顶板的铺板方式可采用径向铺设形式，或混合拼板形式，如图 2-6-12 所示；

（2）铺设时，应先安装顶边板，然后再由外向内安装；顶板搭接缝应贴严，搭接缝间隙不应超过1mm，接缝应无突变；

（3）顶板安装之前应检查包边角钢的圆度及其位置与尺寸偏差，并应根据排板图等分划线，然后点焊顶板的定位挡板；

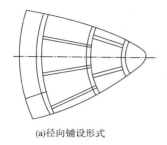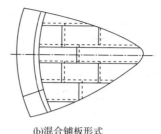

(a)径向铺设形式　　　　　　　(b)混合铺板形式

图 2-6-12 拱架顶板的铺板方式示意图

（4）顶板应对称地进行吊装，为防止顶板下凹，应采用临时支撑措施；

（5）罩顶应成型美观，其凹凸变形应在组装焊接完毕后用样板测量。

23. 其他附件安装有哪些要求?

（1）气柜的平台、梯子、栏杆、配重架等的施工应符合 GB 50205—2001《钢结构工程施工质量验收规范》的有关规定。

（2）配重块应逐个称量、分组组合，将重量相等的两组对称分配布置。布置配重块时应计入螺旋梯等不对称构件重量的影响。当设计要求配重块位于立柱部位时，不应将配重块的任何部位突出于立柱以外。

（3）由底板下进入气柜的导气管处，底板应与基础表面层严密接触，否则应在底板上开孔充砂。

（4）水槽内导气管立管的垂直度偏差应不超过全高的2‰。钟罩顶上的安全罩帽在升降过程中不应与导气管相碰。

（5）螺旋气柜的螺旋梯（包括拉筋在内）组装后，不应有阻碍塔节升降的部位。

24. 气柜的总体验收有哪些要求?

气柜总体验收时应符合下列要求：

（1）塔体所有焊缝和各密封接口处均应通过充气试验和间接气密性检查；

（2）升降试验过程中导轮和导轨之间应无卡轨现象；

（3）塔节各部分应无明显变形，升降试验过程中钟罩、各塔节的偏斜值应合格；

（4）安全限位装置应准确可靠。

第七章 方箱型加热炉

第一节 方箱型加热炉的预制

1. 加热炉安装的主体思路是什么？

主体思路是采用模块化安装技术，减少现场安装工程量，有效缩短安装工期。模块化预制根据项目情况分为专业工厂制造和现场安装单位选择预制场地进行模块预制。

2. 炉体主要分为哪些模块？

模块的划分一般按其结构特点划分为：辐射室炉底钢结构模块、辐射室炉壁模块、辐射室炉顶模块、辐射炉管模块、对流段模块、烟道及烟囱模块。

3. 如何进行模块划分？

模块划分的原则：根据现场作业条件结合现场吊装能力、运输限制条件、炉体结构特点及安装顺序，与设计单位深度对接提出既能满足设计条件又合理的模块划分原则。

4. 安装需要做的准备工作有哪些？

主要为施工材料准备、施工机具准备、量具准备。

（1）施工材料准备：临时垫铁、钢板、木板、木块、塑料布、彩色塑料带、钢管、角钢、圆钢、螺纹钢、防雨蓬布、白铁皮、铁丝、油漆笔、记号笔等。

（2）施工机具准备：履带吊、汽车吊、载重汽车、平板拖车、剪板机、磁力电钻、无齿切割机、磨光机、试压泵、坡口加工机、半自动氧－乙炔切割机、等离子切割机、氩弧焊机、电焊机、焊条烘干箱、恒温箱、千斤顶、手拉葫芦、预制平台及组对支架等。

（3）量具准备：水准仪、经纬仪、盘尺、钢卷尺、钢板尺、弯尺等。

5. 炉壁板下料排板的原则是什么？

炉壁板下料前先排版，炉底、炉顶排板的方向宜采用横向排板，炉壁排板的方向宜采用纵向排板。

6. 炉底模块预制方法是什么？

以设计图纸为依据，分析炉体结构特点、预制及运输条件，确定炉底模块的预制规格。炉底模块与炉体立柱的连接部位为可拆卸连接时，连接螺栓孔宜采用配钻制孔，焊接连接时，其预制深度要充分考虑安装余量。

7. 辐射室炉壁模块预制方法是什么？

（1）辐射室炉壁模块如图 2-7-1 所示。

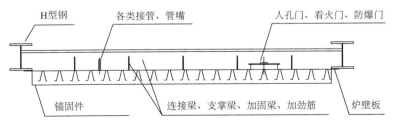

图 2-7-1　方箱炉辐射室炉壁模块示意图

（2）辐射室炉壁模块连接结构主要有两种型式：螺栓连接和焊接连接。螺栓连接结构的炉壁模块预制时，相邻模块的连接螺栓孔采用配钻，以保证安装精度。焊接连接结构的炉壁模块预制时，以 2～3 根炉体立柱的所在平面预制成主模块，在两主模块立柱间的空档，将辅助梁、加强筋板、炉壁板等预制成从模块。

（3）炉壁模块预制时，先将炉壁板按模块的规格在组对工装上进行拼接，从中心位置开始，按"先横后纵、先短后长"的顺序进行分段退步焊接，控制好焊接变形。然后将立柱、连接梁和加强筋板等，在炉壁板上按设计图纸尺寸进行定位、组装并焊接。随后进行模块外壁上的接管、管嘴、人孔门、看火门、防爆门、劳动保护垫板、管道支架、辅助吊耳以及内壁上的托砖板、锚固钉、炉管支架等附件的定位组焊工作。

8. 辐射室炉顶模块预制方法是什么？

预制时沿顶梁的纵轴向（短轴）并根据运输条件的限制，确定炉顶模块的预制规格。其他工作与炉壁大同小异。

9. 辐射炉管模块预制方法是什么？

（1）方箱炉辐射炉管多为竖向 U 型管或列管。U 型炉管结构在地面将管子与管件预制成 U 字形，利用专用运输胎具及卡具批量运至现场，安装时与进、出口集合管进行组对安装焊接。当辐射炉管为列管式结构时，则以多根列管预制成一定宽度的片状模块，按序批量运至现场后进行安装。

（2）辐射炉管型式如图 2-7-2 所示。

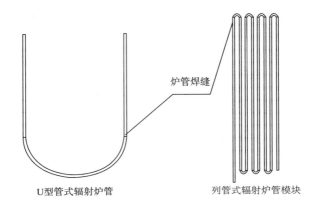

U型管式辐射炉管　　　　　　列管式辐射炉管模块

图 2-7-2　辐射炉管型式典型示意图

10. 对流段模块预制方法是什么?

(1) 对流段模块如图 2-7-3 所示。

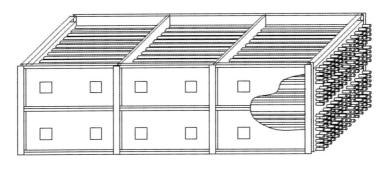

图 2-7-3　对流段模块示意图

　　(2) 加热炉对流段一般为长方体箱体结构,长、宽、高最大几何尺寸在能够满足运输要求的范围内,将对流室沿竖直铅垂方向预制成若干个箱体型模块。模块预制过程中各个模块上的接管、管嘴、人孔门、看火门、防爆门、内外生根件的组装与焊接,均在箱体预制的同时进行。对流管板安装结束后,进行炉衬的施工并养护，炉衬养护期满且经检查合格后安装对流炉管并焊接及检验。

11. 烟囱、烟道等附件预制方法是什么？

（1）烟囱模块如图 2-7-4 所示。

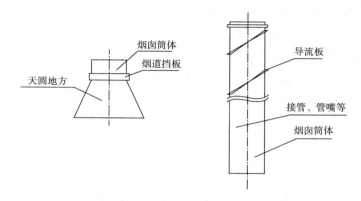

图 2-7-4　烟囱模块示意图

（2）烟囱在预制时，将天圆地方变形接头加上圆口上方 1000～1500mm 的烟囱圆筒、烟道挡板等预制成一个模块，其余的烟囱圆筒加上抗风圈、导流板等预制成另一个模块。模块上的各类接管、管嘴、人孔等，随模块的预制进行安装并焊接完毕，有无损检测或渗漏检测要求的，需无损检测或渗漏检测合格。模块预制成型后，地面进行衬里和养护。

（3）冷风道、热烟道根据高度和长度进行模块的分段预制，高度或长度大于 12m 的冷风道、热烟道，以 12m 作为一个预制模块的高度或长度单位，不足 12m 的单独作为一个模块。

12. 劳动保护预制的思路是什么？

平台、护栏、梯子根据图纸按标高分层预制成片状模块结构，随主体安装进度同步安装。

13. 如何预防炉壁板焊接变形？

（1）由于炉壁板面积较大，极易产生焊接及吊装变形，在施工中应特别注意。预制前应先对钢板进行平板，以保证组对质量。钢板下料应考虑焊接收缩量。划出型钢和立筋的位置，安装型钢及立筋，焊接型钢、立筋后再组对钢板。炉壁板排版时，壁板接头应尽量安排在槽钢、工字钢的翼板处。长度大于300mm的焊缝，尤其是对炉壁板进行焊接，应采用对称分段退步焊接的方法，以减少焊接变形。焊接时应控制线能量，不应过大。

（2）壁板的焊接顺序原则：先焊节点，再焊与钢结构相连的角焊缝，最后焊板与板的对接焊缝；先焊外侧，再焊内侧；先焊短焊缝，再焊长焊缝。

第二节　方箱型加热炉的安装

1. 加热炉安装主要施工顺序、工艺流程是什么？

加热炉安装的工艺流程如图2-7-5所示。

2. 辐射室炉壁模块安装方法是什么？

（1）模块间采用螺栓连接时，宜从方箱炉的一角开始安装，横轴和纵轴模块安装后，及时安装连接螺栓，使安装好的模块形成稳定的刚性结构，然后按顺序安装其他模块。所有模块安装结束后，进行炉壁的找正及连接螺栓紧固。

（2）模块间采用焊接连接时，横轴和纵轴主模块安装后，先利用缆风绳进行临时固定，找正后安装相邻两主模块空隙间的从模块，待辐射室炉壁的各模块相互连接并形成稳定的刚性结构后，拆除缆风绳。

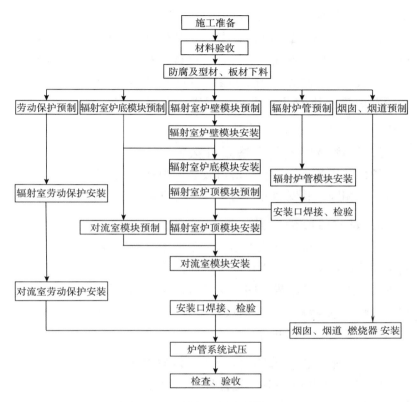

图 2-7-5 加热炉安装工艺流程图

3. 炉底模块安装方法是什么?

炉壁模块安装、找正并形成刚性结构后,进行炉底模块的安装。炉底模块安装时,安装、找平工作同时进行,检查合格后,及时进行焊接。

4. 辐射炉管模块安装方法是什么?

(1)炉壁、炉底安装、找正并焊接结束后,施工人员和质量检查人员应对所有焊缝进行检查,确认焊缝质量满足图纸和规范要求、无漏焊现象后，进行辐射炉管模块的安装。

（2）U 型管式辐射炉管模块，可用专用卡具成批安装，在辐射室内直接与顶部或底部的集合管进行组对、焊接。列管式辐射炉管模块，安装时先利用定位套管和炉管挂钩进行定位和固定，待所有炉管模块安装结束后，再进行各模块间连接口的组对、焊接。

5. 炉顶模块安装方法是什么？

炉顶结构各类接口、预留口较多，炉顶模块预制时的几何尺寸也不尽相同，其安装方法与炉底模块的安装方法相似。

6. 对流段模块安装方法是什么？

对流段模块待炉顶施工结束后按顺序进行安装，上、下模块间采用螺栓连接时，两模块的接触面使用设计文件规定的耐火材料进行密封。上、下模块间采用焊接连接时，两模块的接口处各预留 300mm 不做衬里，待两模块组对、焊接结束并检查合格后，从出入孔处进入内部补衬。

7. 烟囱、烟道等附件模块安装方法是什么？

（1）烟囱模块安装时，先将带天圆地方变形接头、烟道挡板的下部模块安装就位，与对流室顶部的烟气出口对接并固定，然后将烟囱的上部模块安装就位，与烟囱下部模块上的烟囱圆筒进行环缝组焊。上、下部模块间的环缝检查合格后，内部进行衬里的局部补衬及养护。

（2）烟道模块安装时，按炉底、炉侧、炉顶、外围的顺序进行安装，相邻模块间的接合部位焊后进行衬里的补衬及养护工作。

8. 劳动保护模块安装方法是什么？

劳动保护模块的安装，随辐射段、对流段、烟囱、烟道以及其他附件的安装同步进行。平台安装后，及时进行梯子、护栏的安装。

9. 模块的吊耳如何选用？

模块的吊耳，宜选用可重复利用的吊盖，用以完成各模块的吊装工作。模块吊装用吊盖如图 2-7-6 所示。

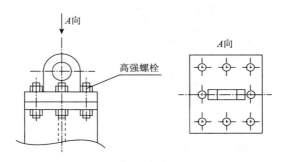

图 2-7-6　模块吊装用吊盖示意图

10. 如何预防吊装变形？

（1）辐射段、对流段、炉管等模块在运输和吊装过程中，应有防变形的加固措施；

（2）各类模块吊装前，必须有专业起重工程师根据现场实际情况，通过计算选择合理的吊装点、吊装方法进行吊装，防止吊装过程中产生扭曲变形，吊装找正完毕后的梁、柱应立即焊接固定。

11. 炉管及管件验收有哪些要求？

（1）炉管及管件在安装前应进行以下项目检验，并符合设计文件规定：①逐件（组）进行外观检查；②外形尺寸及标记；③炉管外壁应清洁。

（2）镍铬奥氏体钢炉管不得用含 S、Zi、Sn、Cu 和 Pb 等有害成分的颜料作标记，不得与非不锈钢的金属接触，露天临时存放时，底部应垫平，管口应用木制或无氯塑料制的盖封闭。

（3）检查管板、管架和定位管的安装位置应正确。

12. 安装炉管时有哪些注意事项？

（1）炉管在运输和吊装过程中，应有防止变形的加固措施；

（2）立管吊装时应平稳，不得撞击炉墙和衬里，水平管穿管时，不得撞击管板、管架和折流砖；

（3）炉管安装时，应保证导向管与定位管的安装尺寸准确，以满足炉管升、降温后能自由收缩；

（4）炉管上端采用炉外支撑时，每根立管的两个支耳应水平地支承在吊管梁上；

（5）若炉管采用炉内吊管时，连接炉管上部的弯头或弯管应与吊钩接触，并使吊钩确实承重，炉管中部的拉钩不应与炉管紧密接触；

（6）水平安装后，检查炉管端部和炉管扩面部分端部与管板的相对位置并应符合设计文件的要求。

13. 炉体配管有哪些主要要求？

（1）辐射段炉管和对流段炉管之间以及对流段各组之间的横跨管的安装，应根据实际安装长度逐根下料，并留出设计文件规定的预拉伸量；

（2）炉体配管支、吊架位置及管道坡度与弹簧支、吊架的安装应符合设计文件要求。

14. 弹簧吊架安装有哪些要求？

弹簧吊架应按类型和支承负荷正确地进行安装。弹簧吊架承力后，标尺应处于冷态负荷位置，标尺读数应予记录。当炉管升温后，应检查、调整弹簧吊架热负荷位置，使其符合设计文件的规定。

15. 燃烧器安装有哪些要求？

（1）安装前应对燃烧器进行检验，经检验合格后安装；

（2）燃烧器安装位置偏差应小于8mm；

（3）燃烧器喷嘴在安装时，点火孔位置应按设计文件的规定进行对中，安装后应对喷嘴采取保护措施，不得有污物进入导管及喷头；

（4）燃烧器安装调整后应将固定螺栓拧紧，并将其与墙板内侧焊牢；

（5）燃烧器配管时不得强力组对，且不得移动已调整合格的燃烧器及其附件；

（6）燃烧器的喷嘴及供气、供油、供汽系统的管路应畅通无阻，连接部位应严密、无泄漏，一、二次风门等调节机构应准确、转动应灵活。

16. 吹灰器安装有哪些要求？

（1）检查对流室墙板，其安装、焊接质量应符合设计文件要求；

（2）按照施工图纸核对吹灰器的安装方位；

（3）旋转喷射管式蒸汽吹灰器应检查不同材质、规格的喷射管的安装位置，并检查喷射管外观状况，不得有严重锈蚀、碰伤、弯曲变形等情况，且清除喷射管中的杂物，使喷嘴畅通；

（4）低频声波除灰器应检查类型代码、安装基础尺寸及声导管与炉墙板的连接尺寸，并检查设备配管及外观情况，不得有缺件、表面锈蚀、损坏等缺陷；

（5）吹灰器的支架应焊接牢固，调试时，传动系统运行应正常，吹灰管应转动灵活，伸缩长度应符合设计文件要求。

17. 看火门、防爆门、作业门等其他附件安装有哪些要求?

(1)看火门、防爆门和作业门安装位置的偏差应小于8mm。作业门与门框、看火门与门盖均应接触严密、转动灵活。

(2)重力式防爆门的门盖重量应符合设计文件的规定,铰链转动应灵活。

(3)烟、风道挡板叶片和转轴之间的连接螺栓安装后应有效固定或定位焊,烟、风道挡板和烟囱挡板的调节系统应进行试验,其启闭应准确、转动应灵活,开关位置应与标记相一致。挡板与内壁的间隙应符合设计文件的要求。

18. 系统压力试验前准备工作有哪些?

炉管及炉体配管安装完毕,经检验合格后,方可进行系统试压。系统试压应按试压流程图进行,试压前应做好下列工作:

(1)按有关规范要求对相关技术资料和试压条件进行检查和确认;

(2)弹簧支、吊架及配重平衡系统均应锁住,使其处于不受力状态;

(3)确认与试压系统有关的钢结构和管架安装完毕;

(4)试压方案经审查批准,试验用压力表经检定合格;

(5)水压试验应采用洁净水,当系统中有奥氏体不锈钢制成的设备或管道时,试验用水的氯离子含量不得大于25mg/L,冬季试压应采取防冻措施。

19. 系统压力试验应当遵循的程序是什么?

(1)充水过程应高点排气;

(2)加压至试验压力的50%后,进行重点部位的检查,如无异常,方可继续升压;

（3）升压至试验压力后，保压 10min，检查无异常后降至设计压力，保压时间不得少于 30min，并进行全面检查，以不降压、无渗漏、目测无变形为合格；

（4）水压试验合格后，应缓慢排水降压，且应将水排至指定的地点。

第八章　圆筒型加热炉

第一节　圆筒炉的预制

1. 圆筒炉的基本结构是怎样的?

圆筒炉主要包括炉体钢结构、辐射段、对流段、烟囱等,如图 2-8-1 所示。

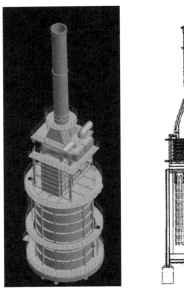

图 2-8-1　圆筒炉示意图

2. 圆筒炉辐射段模块有哪些分割方式？

圆筒炉辐射段模块的分割方式可以分为四种：整体式、分段式、分片式及组合式，如图2-8-2所示。

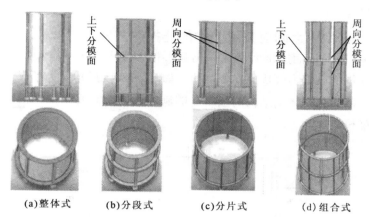

(a)整体式　(b)分段式　(c)分片式　(d)组合式

图2-8-2　圆筒炉辐射段模块分割方式示意图

3. 如何选择炉体模块分割方式？

选用不同分割方式的技术原则是：从现场施工的角度考虑，一台设备所划分出来的模块越少越好。一般不宜把炉底的支腿单独分割出作为一个模块，最好是保留支腿和炉墙的立柱连成一体，起码要把支腿和炉底连接在一起。

（1）对于外形尺寸不超出设备运输极限的辐射段，可以做成整体模块形式。其本体及衬里可以在制造厂进行制造、组装。炉管可以在制造厂进行焊接、探伤及试压。燃烧器、仪表等也可以在制造厂进行安装、校验、调试。供货到现场后，只需要对其进行吊装、固定即可。

（2）对于辐射段高度超出设备运输极限或不便于运输的，可以将其沿轴向适当地划分成两个或多个模块，即分段式。

（3）对于直径超出设备运输极限的，可以将其设计成沿圆周径向等分的模块形式，即分片式。

（4）对于高度和直径均超限的，可以采用在分段的基础上再进行分片的形式，即组合式。

4. 模块之间应采取怎样的连接方式？

（1）分模面连接面结构采用弧形槽钢为上下模块分模面，采用角钢或槽钢为模块周向分模面，如图2-8-3所示。为了保证模块分割后，整体钢结构的强度能够满足要求，需要用钢结构进行强度校核。

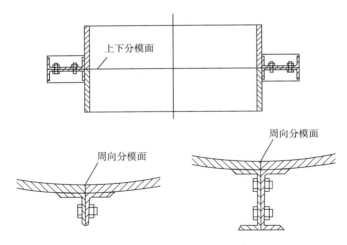

图2-8-3　模块连接形式示意图

（2）另外，模块之间的连接不但要设计成与整体式等强度的结构形式，还要考虑模块连接处的密封性，加入陶瓷纤维带或陶瓷纤维毯等密封材料，必要时分模面要设置密封焊。

5. 分片模块如何进行加固？

分片结构以及局部结构（如人孔门、看火门、防爆门）等结

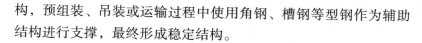

构，预组装、吊装或运输过程中使用角钢、槽钢等型钢作为辅助结构进行支撑，最终形成稳定结构。

6. 炉体框架钢结构预制有哪些基本要求？

（1）放样　应考虑构件的焊接收缩余量以及切割、刨边和铣平等加工余量。放样的样板（样杆）及号料的允许偏差见表2-8-1。

表2-8-1　放样及号料允许偏差表　　　　　mm

放样允许偏差		
序号	项　目	允许偏差
1	平行线距离和分段尺寸	±0.5
2	对角线差	1.0
3	宽度、长度	±0.5
4	孔距	±0.5
5	加工样板的角度	±20
号料允许偏差		
序号	项　目	允许偏差
1	零件外形尺寸（宽度、长度）	±1.0
2	两相邻孔中心距	±0.5
3	对角线长度差	1.0

（2）下料　钢材下料可采用机械切割或火焰切割。钢板厚度≤12mm可用剪板机下料，钢板厚度＞12mm可用自动机割机下料。小型型钢可用砂轮切割机下料，大型型钢用手工气割下料。气割后要清除熔渣和飞溅物，所有钢材的切段面应平整。机械切割及气割的允许偏差见表2-8-2。

表 2-8-2　机械切割及气割的允许偏差表　　　mm

机械切割允许偏差		
序号	项　目	允许偏差
1	零件的宽度、长度	±1.5
2	切割面平面度	$0.05t$ 且 $\not> 2.0$
3	边缘缺棱	1.0
4	型钢端部垂直度	2.0
气割允许偏差		
序号	项　目	允许偏差
1	零件宽度、长度	±2.0
2	切割端部垂直度	2.0
3	切割面平面度	$0.05t$ 且 $\not> 2.0$
4	割纹深度	0.5
5	局部缺口深度	1.0
6	坡口角度	±2.5°

注：t 为切割面厚度。

（3）钻孔　安装螺栓孔和高强螺栓孔必须采用钻孔，不得用气割吹孔或扩孔，螺栓孔加工应在钢结构组焊前进行。成孔后同一组孔内的任何相邻两孔间距的允许偏差为 ±1mm，任意两孔间距的允许偏差为 ±1.5mm。

（4）矫正和成型　对于超标变形钢材、构件必须矫正。钢材变形超过允许偏差时，应在划线、下料前进行矫正。矫正优先选用机械方法，可采用千斤顶等工具辅助矫形，用机械方法不易矫正时可采用火焰矫正法。钢材矫正后的允许偏差见表 2-8-3。

表 2-8-3 钢材矫正后的允许偏差 mm

项 目		允许偏差	图 例
钢板的局部平面度	$t \leqslant 14$	1.5	
	$t > 14$	1.0	
型钢弯曲矢高		$l/1000$ 5.0	
角钢肢的垂直度		$b/100$ 双肢栓接角钢的角度不得大于 90°	
槽钢翼缘对腹板的垂直度		$b/80$	
工字钢、H 型钢翼缘对腹板的垂直度		$b/100$ 2.0	

7. 柱梁骨架预组装组焊有哪些要求？

模块制造首先进行柱梁骨架的预组装组焊，其分模面的制造精度直接影响模块与模块的正常连接，是保证整台设备制造质量的关键部位。所以，在模块制造过程中要严格控制其分模面的平面度、分模面与安装面的平行度及垂直度。焊接变形是影响骨架制造精度的首要问题，需采取相应措施进行控制，如预先反变形等。模块与模块之间靠螺栓连接，所以两个模块分模面的螺栓孔必须吻合，才能保证模块的顺利组装。分模面角钢或槽钢钻孔时，以两条一对，点焊在一起进行配钻，并做好标记。骨架预制时，将配对的分模面用螺栓连接在一起进行预制。模块组装时以螺栓能正常穿过视为合格。

8. 骨架与面板组焊有哪些要求?

由于分片式和组合式存在较多的焊接变形和累积误差,所以在预组装的时候其圆周度存在较大偏差。需用纸板或木板按图纸尺寸进行弧度放样,在骨架与面板组焊过程中,用弧度样板进行时时检测,超差时需立即调整。整体式和分段式模块的下部密封面,或分片式和组合式每一片炉墙板左右密封面的角钢或槽钢均要留一边活口,且所有炉墙板留活口的方向要统一。待预组装调整完毕后,再进行焊接。焊接前要对整个筒体在径向进行支撑定位。焊后用弦长1m 的样板检查,间隙小于 3mm 为合格。

9. 炉管的预制有哪些技术要求?

炉管根据整体外形可分为挂管和盘管。炉管的施工分为两种情况:一种是在工厂内与模块组装在一起;另一种是将炉管最大程度地分组预制,也可称为炉管的"模块化",然后和模块分别运到施工现场再进行组装。整体式模块炉管的施工一般都会在工厂内完成,这样更加可以提高模块的完整性。但必须采取合理的加固措施,以保证其在运输、吊装过程中不会变形、损坏。与模块整体组装好的炉管,在运输过程中均存在窜动问题,这也是炉管的常见典型问题。一般解决方法都是在其各个方向用木块垫实、卡住,在径向还可以用临时支架配合木块进行固定。木块和临时支架在模块安装完毕后,均在现场施工时进行拆除。

第二节　圆筒炉的安装

1. 常规现场安装施工工序是什么?

圆筒炉安装施工工序如图 2-8-4 所示。

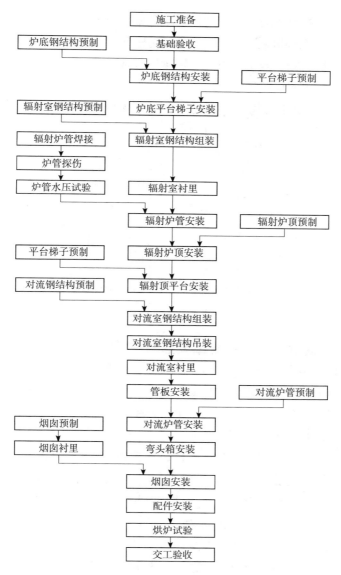

图 2-8-4　圆筒炉安装施工工序图

2. 炉底钢结构施工要点有哪些?

（1）炉底部件在预制时，炉底立柱和中心柱分单根预制，炉底板与炉底支承圈梁及炉底型钢梁组焊成整体，炉底上部的内外环梁单独预制成整体；

（2）炉底钢结构在预制场平台上组焊成型拉运至现场后，整体吊装就位，如图2-8-5所示。

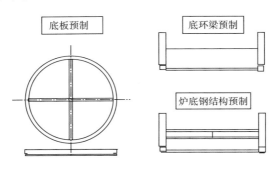

图2-8-5　炉底钢结构预制示意图

3. 辐射室钢结构施工要点有哪些?

辐射室钢结构可分为若干片预制，在预制场进行，然后现场分片吊装组对。炉体分片按立柱分。

（1）在预制平台上组焊若干组托架，以便于炉体分片预制时定位，运输中的加固等；

（2）将焊好的托架置于平台，复核各支撑点的尺寸，同时在其长度各支撑点的误差不小于2mm，将调直后下料的立柱固定好，检查各部分尺寸，注意内侧相互尺寸误差不大于1mm，立柱端头平齐，相互错位不大于2mm，然后将拼焊好的加强梁安装点焊上去，先安装上、下加强梁，再安装中间加强梁，其他环梁点焊完成后，复核各立柱组装尺寸，焊接各节点，并用连接角钢进行加固；

（3）分片炉体框架组焊好后，可铺设炉壁板，为方便施工，上下一圈壁板可暂不安装，待炉体安装就位后施工；

（4）炉体、圈梁组合预制好后，需在圆弧内侧用钢管支撑，除在弦长方向加三根固定管外，对角应加固，以防止吊装发生变形，支撑管选用钢管；

（5）炉体其他构件按设计要求，现场安装。

4. 炉体部分安装顺序是怎样的？

（1）炉体分片，圈梁组合体拉运到现场，在炉底钢结构上分片组装，放样划出炉体分片组对基准圆，设立中心柱，固定好后，搭施工平台及脚手架；

（2）将分片炉体吊装在炉底上，用松紧螺丝将炉体与中心柱拉住，粗调炉体垂直度，以基准圆为准，将下端立柱固定，调节松紧螺丝，使每根立柱的垂直度不大于 10mm，同时对应两立柱的间距与设计尺寸偏差为 5mm；

（3）将上圈梁安装找正，使其在炉体整个水平面上水平度不大于 5mm，椭圆度不大于 10mm，固定好后可安装其他部件，进行炉壁板封口，焊接牢固后拆除松紧螺丝，铺设剩余壁板；

（4）炉体安装好后在炉内划线开孔，开孔前须经检验人员复核认可，炉管吊钩、拉钩固定螺栓若开孔与立柱相碰，则筒体不开孔，直接将螺栓焊在筒体内壁上；

（5）安装其他配件(防爆门、看火门、热电偶、测压管、灭火蒸汽管)等，安装完毕后，经检验部门检查认可，合格后方可进行下道工序。

5. 辐射炉顶的施工要点有哪些？

（1）辐射炉顶在预制平台上整体预制组装，采取加固措施后整体吊装；

（2）炉顶预制时，严格控制其整体水平度，使其水平度偏差不大于 20mm，局部不平度不大于 5mm；

（3）炉顶加强槽钢，对流室支座附近的四根可暂时不焊，在对流室支座就位后安装，避免两者位置相碰；

（4）密封套管及炉顶吊管箱盖板可在辐射室炉管及炉顶安装完毕后安装。

6. 对流室钢结构施工要点有哪些？

（1）对流室钢结构为整体预制件，预制时严格控制尺寸，立柱与顶梁必须垂直，立柱下料时增加 20mm 余量，以便于安装时调整；

（2）将预制好的对流室钢结构部件在现场临时平台上组装成整体，并按焊接要求全部焊完；

（3）部件组装成整体后，要求对角线之差不大于 2mm，立柱间距误差不大于 2mm，立柱弯曲度全长控制在 ±5mm，顶梁水平误差不大于 2mm，所焊的每个构件其安装位置偏差不大于 2mm；

（4）对流框架组焊完毕后，依次将各组对流炉管及保温衬里施工完，将组合好的对流钢结构拉运至现场，对接主梁、次梁、支撑、斜撑，保证其水平和安装尺寸，水平度不大于 5mm，安装位置偏差不大于 2mm。对流室整体吊装时，必须注意不能使炉墙受扭、受撞击等，以避免衬里脱落和松动。

7. 辐射炉管现场组对安装有哪些要点？

（1）辐射炉管有若干个流程，预制时按单流程预制成整体，在预制胎具上进行，如图 2-8-6 所示；

（2）炉管预制完后焊口须经 100% 射线检测（Cr–Mo 钢炉管焊口需退火热处理）和水压试验，合格后方可拉运现场安装；

（3）炉管在安装起吊过程中，要进行加固，采用多吊点，避

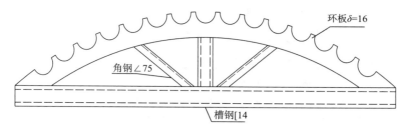

图 2-8-6　辐射炉管预制胎具示意图

免弯头和焊缝局部受力；

（4）每组炉管吊装就位后，随即拉紧炉管拉钩以防止出现炉管脱钩；

（5）炉管安装好后根据实际位置在炉底安装定位套管，定位套管安装后定位管应在其中活动自由，不能受阻。

8. 对流炉管的施工有哪些要点？

（1）对流炉管分组预制，每组炉管靠炉墙两侧的两列炉管暂时不穿，否则以后无法安装（折流砖影响）；

（2）翅片管在穿管时应进行相应保护，防止翅片损坏；

（3）穿管时先将两端管板找正固定，其间距偏差不得大于2mm，每根管孔轴线的不同轴度不得大于1.5mm；

（4）穿管时每根炉管要能顺利通过每个管孔，不允许用撬杠和锤子，以避免管板耐热衬里松动脱落，同时也避免管子与管板相互扭劲，使分组安装时管板不能沿炉管长度方向调节，在穿管时若出现管板与管孔对不正时，尽可能调整炉管而不能调整管板，以免使其他管子与管板卡死；

（5）装炉管前必须对对流室钢结构的安装尺寸进行复核，将该组炉管管板固定角钢焊在对流室立柱上，安装位置偏差不得大于1mm，每安装一组炉管，标注炉管的方向，以免装反、装倒；

（6）每组炉管安装完后，要对耐热衬里进行修补，同时补穿靠炉墙两侧的炉管，按同样方法安装下一组炉管。

9. 炉管组对质量要求有哪些？

炉管组对质量要求见表2-8-4。

表2-8-4　炉管组对质量要求表

序号	项　　目	允许偏差/mm
1	辐射炉管长度偏差	±8
2	对流炉管长度偏差	±6
3	同一弯头相连的两根炉管长度偏差	2
4	炉管对口内错量	1

10. 构件安装时有哪些注意事项？

（1）加热炉各构件的吊点位置和吊具构造应经吊装计算，使其符合吊装安全要求。构件应进行试吊，确认无误后方可正式起吊。吊装前应对构件的质量进行复检，对超标变形和缺陷必须进行处理。

（2）对易产生变形的构件必须采取加固措施，对大型构件或拼装成块体的结构件，其吊点应作计算确定。

（3）对吊机的站位、吊件布位应作合理安排，并对机具完好性、安全性进行查验认定。对吊装作业的顺序、步骤、方法应向作业人员进行交底，并排出吊装计划。

（4）吊装按独立单元进行，独立单元安装完成后应形成刚性单元。辐射炉体等重要构件吊装就位后，须及时固定并校正。

11. 模块化安装主要工艺流程是什么？

模块化安装主要工艺流程如图2-8-7所示。

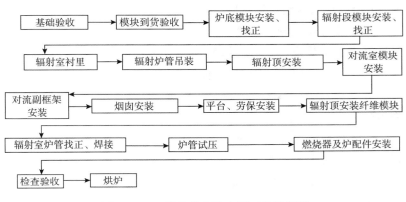

图 2-8-7　模块化安装主要工艺流程图

12. 模块化安装的原则是什么？

整体式圆筒炉只有辐射段模块、对流段模块、烟囱模块几个模块，在现场只需按图纸从下往上进行"搭积木"式安装即可。其他型式的圆筒炉则要预先制定好施工工序，这也是保证圆筒炉顺利安装的前提。

（1）单向顺序。例如：炉管贴近内壁的模块，炉管要在衬里施工完毕以后，才可以进行安装。

（2）交互顺序。例如：侧面衬里施工到挂钩下面时，先进行炉管的施工，再进行模块顶部衬里的，最后再进行剩余侧面衬里的施工。

（3）各模块安装可看作单台设备的安装，其技术要求和施工方法均可参考通用设备安装方法。

13. 炉配件安装有哪些要求？

（1）看火门、防爆门安装：安装看火门、防爆门前应进行检查，到货时应检查看火门、防爆门应无缺件，无损坏，密封垫完好。安装时确保安装位置正确，符合设计要求。

（2）燃烧器安装需符合以下要求：

①安装方位及管口位置应正确；

②安装工作应与筑炉工作配合，先安装异形砖，然后把燃烧器组合件插入预留孔，用螺栓固定；

③燃烧器的异形砖外侧与炉底耐火衬里之间的膨胀间隙应符合设计要求；

④通过燃烧器面板凸面高速燃烧器的位置。油枪导管在燃烧器中心，偏差不大于3mm，油枪垂直度允许值应不大于5mm。

（3）人孔安装：人孔在炉墙板安装焊接后安装，安装人孔应保证安装位置正确，焊接牢固严密，人孔衬里可与筑炉一起进行。

14. 劳动保护安装要求有哪些？

劳动保护安装质量要求见表2-8-5。

表2-8-5　劳动保护安装质量要求表

项　次	检查项目	允许偏差值/mm	检查方法
1	平台标高	±10	钢尺检查
2	平台梁水平度	$3L_1/3000$，且不大于10	水平尺检查
3	承重平台梁侧向弯曲	$L_1/1000$，且不大于10	钢尺检查
4	平台表面平面度	±5	用1m钢尺检查
5	梯子宽度	$\begin{array}{c}+5\\0\end{array}$	钢尺检查
6	梯子纵向挠曲矢高	$L_1/1000$	拉线、钢尺检查
7	梯子踏步间距	±5	钢尺检查
8	直梯垂直度	$3h_3/1000$，且不大于15	吊线坠、钢尺检查
9	斜梯踏步水平度	5	水平尺检查
10	栏杆高度	±5	钢尺检查
11	栏杆立柱间距	±10	钢尺检查

注：L_1 为梁的长度，h_3 为直梯高度。

第九章　现场组焊设备

第一节　常规分段设备

1. 现场组对设备组对前需做好哪些准备工作？

（1）技术准备：

①现场组焊应具备下列技术文件：设计文件；制造厂产品质量证明文件；焊接工艺评定报告和焊接工艺文件；施工技术文件；相关规范标准；

②组焊前应组织有关专业技术人员进行图纸核查；

③进行现场组焊技术交底，明确工程特点、进度安排、施工工艺、质量标准与安全技术及劳动保护措施等。

（2）现场准备：

①按施工平面布置图布置施工现场，场地平整，水、电、通讯、道路畅通；

②配备施工机具、工卡具、计量器具、样板等；

③进入现场人员经过安全教育和入场教育；

④按施工技术文件配置安全防护设施。

2. 设备组对需要哪些基本的工具？

设备组对需要的工具：吊车、钢丝绳、手拉葫芦、千斤顶、电焊机、磨光机、卷板机、弧板、切割机、磁力线坠、加减丝杠、卡扣、卡具等。

3. 常用的组对胎具有哪些?

（1）封头或锥体的组焊胎具：

①在钢平台上画出组装基准圆，将基准圆按封头或锥体的瓣数等分，在距离等分两侧约 100mm 处的组装基准圆内侧各设置一块定位板（见图 2-9-1）；

②制作设置封头或锥体的组焊胎具，以定位板和组焊胎具为基准；

③用卡具使瓣片紧靠定位板和胎具（见图 2-9-1）。

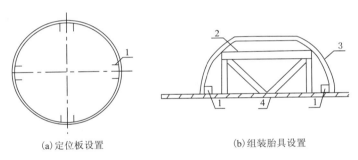

(a) 定位板设置　　　　　　　　(b) 组装胎具设置

图 2-9-1　封头组装示意图

1—定位板；2—组焊胎具；3—封头瓣片；4—钢平台

（2）立式筒节组对胎具：在下筒节上的上口内侧或外侧每隔 1000mm 左右设置一块定位板，将上筒节吊装就位，在对口处每隔 1000mm 左右放置一间隙片，间隙片厚度按对口间隙确定，如图 2-9-2 所示。

（3）卧式筒节组对胎具：卧式组对胎具滚轮设置除考虑支撑稳定性外，还应考虑开筒节上人孔、接管支撑件的位置，中心夹角 α 宜为 60°～70°，如图 2-9-3 所示。

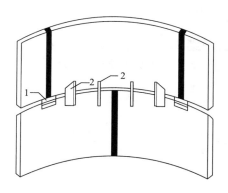

图2-9-2　筒节组对方法示意图

1—定位板；2—间隙板

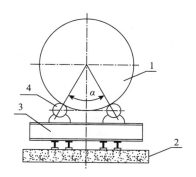

图2-9-3　滚轮架设置示意图

1—壳体；2—基础；3—滚轮架支座；4—滚轮

4. 分段设备组对方法有哪几种？

分段设备现场组对可采用立式组对法、卧式组对法或混合组对法。

5. 壳体组对分段原则是什么？

（1）依据现场施工条件，减少高空作业；

（2）接口宜设置在同一材质、同一厚度的直筒段；

（3）接口应避开接管位置。

6. 设备现场组焊工艺流程是什么?

设备现场组焊工艺流程如图2-9-4所示。

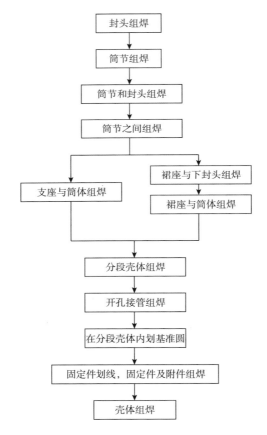

图2-9-4　设备现场组焊工艺流程图

7. 采用立式组对设备的工艺流程是什么?

（1）利用立式筒节组对胎具,在下筒节上的上口内侧或外侧每隔1000mm左右设置一块定位板,将上筒节吊装就位,在对口处每隔1000mm左右放置一间隙片，间隙片厚度按对口间隙确定；

（2）上、下筒节相对应的方位线偏差不应大于5mm；

（3）用调节丝杠调节对口间隙；

（4）用卡子、销子调整对口错边量，应沿圆周均匀分布，符合要求后进行定位焊。

8. 采用卧式组对设备的工艺流程是什么？

（1）设置卧式组装胎具滚轮架，支座的数量应视分段的长度和重量经计算确定，其位置应避开人孔接管等、支座处的地基应压实，不应发生不均匀沉降；

（2）将各分段壳体调到滚轮架或胎具支座上，对正四条方位线，以各分段的对口基准圆为准，调整间隙、错变量，并用直径为0.5～1mm钢丝检查直线度，合格后进行定位焊；

（3）各分段壳体上的人孔、接管宜在壳体成型并检验合格后安装。

9. 分片到货的球形封头、椭圆形封头、碟形封头、锥形封头，其外形尺寸应符合哪些要求？

（1）锥形封头瓣片表面用300mm钢板尺沿母线检查，其平面度不应大于1mm；

（2）球形封头瓣片曲率用样板检查（见图2-9-5）；

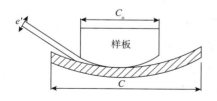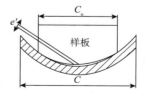

图2-9-5 球形封头瓣片曲率检查示意图

（3）其间隙值应符合表2-9-1规定。

表 2-9-1　球形封头瓣曲率质量标准表　　　　mm

瓣片弦长 C	样板弦长 C_0	允许间隙 e'
<1500	1000	
$1500 \leqslant C < 2000$	1500	≤3
≥2000	2000	

10. 椭圆形、碟形、折边锥形封头的直边检查应符合哪些要求?

(1)直边不得存在纵向皱折,直边高度 h_f(见图 2-9-6)允许偏差为 $-5\% h_f \sim +10\% h_f$;

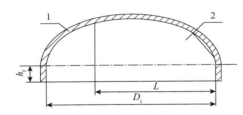

图 2-9-6　封头直边检查示意图

1—封头;2—样板

(2)直边倾斜度应符合表 2-9-2 的规定,测量时不应计入直边增厚部分。

表 2-9-2　直边倾斜度允许偏差表

封头公称直径 DN	直边高度/mmh_f	倾斜度/mm		检验方法
		向外	向内	
≤2000	25	1.5	1.0	在封头直径方向拉一根钢丝,用直角尺的一直角边与拉紧的钢丝重合,另一直角边与封头直边靠紧,测量直角尺与封头间的最大距离
>2000	40	2.5	1.5	
其他		$6\% h$ 且不大于 5	$4\% h$ 且不大于 3	

11. 椭圆形、碟形、折边锥形及球形封头的几何尺寸检查应符合哪些要求?

(1)封头外圆周长允许偏差应符合表 2-9-3 的规定。

表 2-9-3　封头外圆周长允许偏差表　　　　mm

公称直径 DN	钢材厚度 δ_s	外周长允许偏差值	检验方法
3000≤DN<5000	$12 \leq \delta_s < 22$	+12 -9	用钢尺在封头直边部分测量
	$22 \leq \delta_s < 60$	+18 -12	
	$\delta_s \geq 60$	+24 -15	
5000≤DN<6000	$16 \leq \delta_s < 60$	+18 -12	
	$\delta_s \geq 60$	+24 -15	
6000≤DN<7800	$16 \leq \delta_s < 60$	+21 -15	
	$\delta_s \geq 60$	+27 -18	
≥7800	$16 \leq \delta_s < 60$	+24 -18	
	$\delta_s \geq 60$	+30 -21	

(2)封头圆度允许偏差为 $0.5\% D_i$,且不大于 25mm。当 δ_s / D_i 小于 0.005,且 δ_s 小于 12mm 时,圆度允许偏差为 $0.8 D_i \%$,且不大于 25mm。检验方法:用钢尺在封头端口实测等距离分布的 4 个内直径,最大值与最小值之差作为封头圆度偏差。

(3)封头总高度允许偏差为 $-0.2\% D_i \sim +0.6\% D_i$。检验方法:在封头任意两直径位置上拉紧钢丝,在钢丝交叉处垂直测量封头总高度。

12. 无折边锥形封头几何尺寸应符合哪些要求？

（1）封头直径允许偏差应符合表 2-9-4 的规定。检验方法：用钢尺在封头端口实测等距离分布的 4 个内直径。

表 2-9-4　封头直径允许偏差表　　　　　　mm

公称直径	<800	800 ~ 1200	1300 ~ 1600	1700 ~ 2500	2600 ~ 3100	3200 ~ 4200	4300 ~ 6000	6100 ~ 10000	10000
允许偏差	2	3	4	5	6	6	8	8	10

（2）封头圆度允许偏差为 $0.5\% D_i$，且不大于 15mm。检验方法：用钢尺在封头端口实测等距离分布的 4 个内直径，最大值与最小值之差作为封头圆度偏差。

（3）封头总高度允许偏差应符合表 2-9-5 的规定。检验方法：在封头任意两直径位置上拉紧钢丝，在钢丝交叉处垂直测量封头总高度。

表 2-9-5　封头总高度允许偏差表　　　　　　mm

公称直径	<800	800 ~ 1200	1300 ~ 1600	1700 ~ 2500	2600 ~ 3100	3200 ~ 4200	4300 ~ 6000	6100 ~ 10000	10000
允许偏差	4	6	8	12	16	20	24	25	25

13. 椭圆形、碟形、球形封头内表面形状偏差检查应符合哪些要求？

封头内表面形状偏差检查测量如图 2-9-7 所示，外凸不得大于 $1.25\% D_i$。内凹不得大于 $0.625\% D_i$。检验方法：用弦长等于封头内直径 $3D_i/4$ 的内样板垂直于待测表面，测量样板与封头内表面间的最大间隙。对拼接制成的封头，允许样板避开焊缝进行测量。

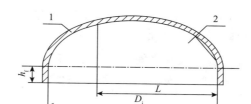

图2-9-7 封头内表面形状偏差检查测量示意图

1—封头；2—样板

14. 碟形封头、折边锥形封头等过渡区转角内半径检查应符合哪些要求？

不得小于设计文件的规定值。检验方法：用样板、钢尺现场检查。

15. 分片到货的筒体板片需做哪些尺寸检查？

分片到货的筒体板片应用弦长等于设计直径的1/4 且不小于1000mm 的样板检查板片的弧度，间隙不得大于3mm。检验方法：将筒体板片立置在平台上用样板和钢尺检查。

16. 分段到货的筒节需做哪些尺寸检查？

（1）分段筒节分段处的圆度应符合表2-9-6 的规定；

表 2-9-6　分段处圆度允许偏差表　　　　　　　　　　mm

设备受压形式	允许偏差值
内压	$\leqslant D_i\%$，且不大于25
外压	$\leqslant 0.5D_i\%$，且不大于25

注：（1）测量筒体圆度时应避开焊缝、附件或其他隆起部位。有开孔补强时，测量位置距补强圈距离应大于100mm。

（2）D_i 为设备筒体直径。

（2）筒体的凹凸处应平滑过渡，其凹入深度以母线为基准测量，不超过该处长度或宽度的1%；

（3）分段处外圆周长允许偏差应符合表2-9-7的规定；

表2-9-7　分段处外圆周长允许偏差应表　　　　mm

公称直径	<800	800~1200	1300~1600	1700~2500	2600~3100	3200~4200	4200~6000	6200~7600	>7600
允许偏差	±5	±7	±9	±11	±13	±15	±18	±21	±24

（4）分段处端面不平度不应大于 $D_i/1000$，且不大于2mm；

（5）每段筒体高度及各段筒体累计高度允许偏差应符合表2-9-8的规定；

表2-9-8　每段筒体高度及各段筒体累计高度允许偏差表　mm

检查项目		允许偏差值	检验方法
上、下两封头焊缝之间的距离 H	≤30000	±1.3H/1000 且不超过 ±20	钢尺实测
	>30000	±40	
底座环底面至筒体下封头与筒体连接焊缝距离 H_4		±2.5H_4/1000 且不超过 ±6	

（6）每段筒体直线度允许偏差应符合表2-9-9的规定。

表2-9-9　每段筒体直线度允许偏差表　　　　mm

检查项目		允许偏差值	检验方法
任意3000长度		3	用钢尺、拉线测量
全长 H 为筒体高度	H≤15000	H/1000	
	H>15000	0.5H/1000+8	

17. 散件到货的法兰、人孔、接管需做哪些质量检查工作？

随设备到货的零部件不应有变形及锈蚀，并应符合下列规定：

（1）法兰、接管、人孔和螺栓等应有材质标记；

（2）法兰、人孔的密封面不得有影响密封的损伤。焊缝不得有裂纹。

18. 厚度不等的板材组对，对接接头如何处理？

筒体板对接接头两侧钢材厚度不等并符合下列条件时，应按如图2-9-8所示形式之一对焊接接头进行检查：

（1）薄板厚度小于或等于10mm，两板厚度差大于3mm；

（2）两板厚度差大于薄板厚度的30%或超过5mm。

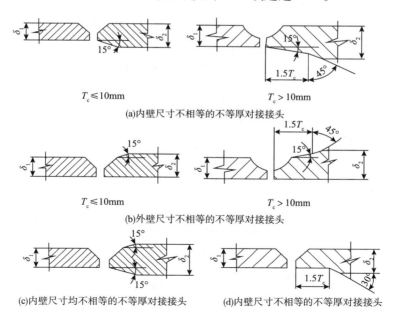

图2-9-8 不同情况板材组对接接头处理示意图

19. 筒节现场组焊的要求有哪些?

(1)筒节组对时,壁板端面应在同一平面上,相邻两板偏差不应大于2mm。

(2)筒体纵向、环向焊接接头对口错边量 b 如图2-9-9所示。

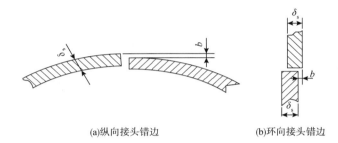

(a)纵向接头错边　　　　　(b)环向接头错边

图2-9-9　筒体纵向、环向焊接接头对口错边量示意图

(3)筒体板组对错边量应符合表2-9-10的规定。

表2-9-10　筒体板组对错边量允许偏差表　　　　　mm

母材厚度 δ	对口错变量允许偏差值单位		检验方法
	纵向焊缝	环向焊缝	
$\delta \leqslant 12$	$\leqslant 1/4\delta$	$\leqslant 1/4\delta$	用焊缝检验尺测量
$12 < \delta \leqslant 20$	$\leqslant 3$	$\leqslant 1/4\delta$	
$20 < \delta \leqslant 40$	$\leqslant 3$	$\leqslant 5$	
$40 < \delta \leqslant 50$	$\leqslant 3$	$\leqslant 1/8\delta$	
$\delta > 50$	$\leqslant 1/16\delta$,且不大于10	$\leqslant 1/8\delta$,且不大于20	

(4)筒节圆度检查:筒节任一断面的最大内径与最小内径之差不应大于该断面内径 D_i 的1%(见图2-9-9),且不应大于25mm。

(5)筒体板对接焊纵焊缝棱角度 E 和环焊缝棱角度 E 如图2-

9-10 所示，均不应大于 $(\delta_n/10+2)\mathrm{mm}$，且不应大于 $5\mathrm{mm}$。

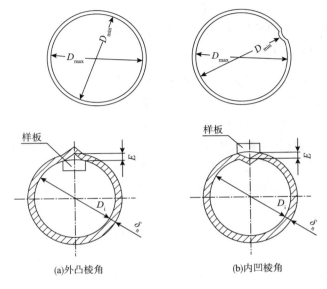

图 2-9-10　筒体焊缝棱角度 E 示意图

（6）对接环焊缝棱角度检查：焊接接头环向形成的棱角 E 如图 2-9-11 所示，不应大于 $(\delta_n/10+\mathrm{mm})$ 且不应大于 $5\mathrm{mm}$。检验方法：纵缝棱角用弦长等于 $D_i/6$ 且不小于 $300\mathrm{mm}$ 的内样板或外样板和钢尺检查；环缝棱角用 $300\mathrm{mm}$ 钢直尺检查。

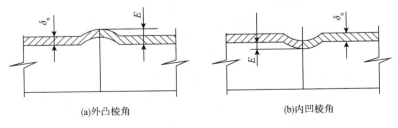

图 2-9-11　焊接接头环向形成的棱角 E 示意图

（7）组焊时，筒节分段处的外圆周长相对差不应大于 6mm。端口的平面度为其外径 D 的 1/1000，且不应大于 2mm。

（8）筒体的长度 L 允许偏差为 $L/1000$，且不应大于 20mm，并不应有负偏差。

20. 如何装配人孔、装卸孔、接管及附件？

（1）人孔、装卸孔、接管应按设计文件规定，以壳体上的四条方位线和基准圆为基准划线开孔并进行组焊。

（2）接管与设备壳体相对位置如图 2-9-12 所示。图中各种相交或交叉形式的接管均应先放实样并做出样板，其安装角度也应做出样板，且样板靠接管一边的长度应不小于 100mm。

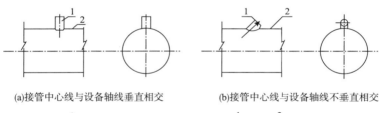

(a)接管中心线与设备轴线垂直相交　　　　(b)接管中心线与设备轴线不垂直相交

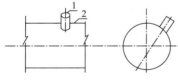

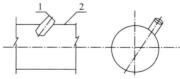

(c)接管中心线与设备轴线垂直交叉　　　　(d)接管中心线与设备轴线不垂直交叉

图 2-9-12　接管与设备壳体相对位置示意图

1—接管；2—壳体

（3）接管的法兰面应垂直于接管中心线。

（4）直接焊接与筒体上的法兰垂直于筒体中心轴线，其允许偏差为法兰外径的 1%，且不大于 3mm。

（5）除设计文件另有规定外，接管法兰螺栓孔应与壳体中心轴线跨中，如图 2-9-13 所示。

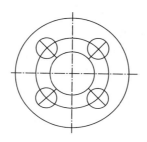

图 2-9-13　法兰跨中示意图

（6）设备开口、接管安装质量标准应符合表 2-9-11 的规定。

表 2-9-11　设备开口、接管安装质量标准表　　mm

检查项目		允许偏差	检验方法
开口中心标高及位置	接管	±5	钢尺、拉线现场检查
	人孔	±10	
接管法兰面至设备外壁距离	±2.5	钢尺现场检查	
接管法兰面与接管或筒体中心线的垂直度	$D_i \leqslant 200$	±1.5	
	$D_i > 200$	±2.5	
液面计	接口中心标高	±3	角尺、钢尺现场检查
	对应接口周向位置	±1.5	
	对应接口间的距离	±1.5	
	对应接管外伸长度差	1.5	
	法兰面垂直度	$0.5D_L\%$	
	对应法兰平面度	2	

注：D_i 为法兰内直径，D_L 为法兰外缘直径。

21. 如何装配支座？

（1）裙座与壳体的组焊应按下列程序和要求进行：

①测量裙座与封头的接口尺寸；

②在封头上划出安装位置的圆周线；

③在裙座、封头上划出方位线；

④将对应的方位线对准，用加减丝调整轴向位置；

⑤检查直线度、同轴度、长度；

⑥合格后进行定位焊；

⑦裙座与壳体同轴度不应大于5mm。

（2）裙座与封头相连接处，遇到封头对接接头时，应在裙座上开出豁口，如图2-9-14所示。

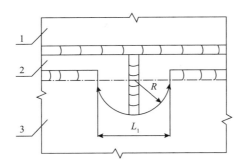

图2-9-14　裙座开豁口示意图

1—筒体；2—下封头；3—裙座

（3）鞍式支座与筒体组装时，将设备与鞍式支座放置于组装拖辊上，如图2-9-15所示，对鞍式支座进行调整安装后焊接，并符合下列要求：

①鞍式支座的底板应位于同一平面上，其偏差应不超过设备内径 D_i 的1/1000，且不大于3mm；

②中心距 L 的允许偏差为 ±3mm；

③螺栓孔对角线允许偏差为6mm。

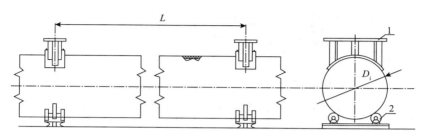

图 2-9-15　鞍式支座与筒体组焊示意图

1—鞍式支座；2—组装托架

22. 垫片安装有哪些技术要求？

（1）垫片与法兰密封面应清洗干净，不得有任何影响连接密封性能的划痕、斑点等缺陷存在。

（2）垫片预紧力不应超过设计规定，以免垫片过度压缩失去回弹能力。

（3）垫片压紧时，应使用扭矩扳手。对大型螺栓和高强度螺栓，应使用液压上紧器。拧紧力矩应根据给定的垫片压紧通过计算求得，液压上紧器油压的大小亦应通过计算确定。

（4）安装垫片时，应按图 2-9-16 所示的顺序依次拧紧螺母。但不应拧一次就达到设计值。一般至少应循环 2~3 次，以便垫片应力分布均匀。

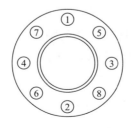

图 2-9-16　螺母拧紧顺序示意图

23. 耐压试验前应确认哪些条件?

(1)设备本体及与本体相焊的内件、附件焊接和检验工作全部完成;

(2)焊后热处理的设备,热处理工作已完成;

(3)开孔补强圈焊接接头用 0.4～0.5MPa 的压缩空气检查合格;

(4)在基础上进行试压的设备,基础二次灌浆达到强度要求;

(5)试压方案已经批准;

(6)施工资料完整。

24. 耐压试验前应准备哪些工作?

(1)清除设备内部异物,封闭所有开孔并紧固螺栓;

(2)不参与试压的部件予以拆除或用盲板隔离;

(3)最高处设置排气口,最低处设置排放口;

(4)在最高与最低处且便于观察的位置设置两块压力表;

(5)进行气压试验的设备配置安全泄放装置。

25. 试验用压力表、阀门有何要求?

(1)上下两块压力表的量程应相同,且应经过校验。压力表的量程应不低于 1.5 倍且不高于 3 倍的试验压力,压力表的直径不应小于100mm。压力表与设备间应装设三通旋塞或针型阀,三通旋塞或针型阀上应有开启标记和锁紧装置。

(2)常压及低压设备压力表的精度等级应不低于 2.5 级,中压及高压设备压力表的精度等级应不低于 1.5 级,试验压力读数以高处压力表为准。

(3)试压用的阀门应经耐压试验合格。

26. 设备耐压试验的试验压力除设计文件另有规定外还有哪些要求？

（1）立式设备卧置液压试验时，试验压力应为立置的试验压力加液柱静压力；

（2）设备受压元件（圆筒、封头、接管、法兰及紧固件等）所用材料不同时，应取$[\sigma]/[\sigma]^t$比值中较小者；

（3）设备耐压试验和气密性试验压力详见表2-9-12。

表2-9-12　设备耐压试验和气密性试验压力　　MPa

设计压力（p）	耐压试验压力		气密性试验压力	检验方法
	液压试验	气压试验		
$p \leqslant -0.02$	$1.25p$	$1.15p（1.25p）$	p	观察检查或查看"设备耐压和气密性试验报告
$-0.02 < p < 0.1$	$1.25p \cdot [\sigma]/[\sigma]^t$ 且不小于0.1	$1.15p \cdot [\sigma]/[\sigma]^t$ 且不小于0.07	$p \cdot [\sigma]/[\sigma]^t$	
$0.1 \leqslant p < 100$	$1.25p \cdot [\sigma]/[\sigma]^t$	$1.15p \cdot [\sigma]/[\sigma]^t$	p	

注：（1）$[\sigma]$表示设备元件材料在试验温度下的许用应力，MPa。$[\sigma]^t$表示设备元件材料在设计温度的许用应力，MPa。

（2）设备受压元件（圆筒、封头、接管、法兰及紧固件等）所用材料不同时，应取受压元件$[\sigma]/[\sigma]^t$比值中较小者。

（3）圆括号内的数值$1.25p$仅适用于钢制真空塔式设备。

27. 采用气压试验代替液压试验时必须符合哪些规定要求？

（1）压力容器气压试验前对设备的焊接接头进行100%射线或超声检测，合格级别应执行原设计文件规定。

（2）常压设备气压试验前对设备的对接焊接接头进行25%射线检测或超声检测，射线检测Ⅲ级合格，超声检测Ⅱ级合格。

（3）有本单位安全技术部门确认，本单位技术总负责人批准的安全技术措施。

（4）试压系统的安全泄放装置应进行压力整定。

（5）耐压试验场地的安全防护设施应经安全部门检查认可。耐压试验过程中不得进行与试验无关的工作，无关人员不得在试验现场停留。设备在试验压力下，任何人不得接近试压设备，待试验压力降至规定压力时，方可进行各项检查。

（6）真空和外压设备以内压进行耐压试验。差压设备耐压试验时，在试压过程中相邻压力室的压差值不得超过设计文件的规定。

（7）耐压试验过程中，不得带压紧固螺栓，不得对受压元件施加外力或进行任何修理。发现渗漏、压力下降、异常声响、油漆剥落、加压装置发生故障等不正常现象时，应立即停止试验并卸压，查明原因经处理后方可恢复耐压试验。

（8）耐压试验后，应填写耐压试验报告，并由相关单位签字确认。

28. 液压试验有哪些要求？

（1）塔类设备卧置液压试验时，充液前应对设备强度、局部稳定性进行核实。在充液过程中应观察设备各支承点的变形情况。

（2）充液前试压系统、放空阀门及压力表应安装完毕。

（3）充液时应先打开放开阀门，液体从设备顶部溢出时将放空阀门关闭，检查并确认各开孔及接头处应无渗漏。

（4）试验介质宜采用工业水。奥氏体不锈钢、复合钢制设备用水作介质时，水中氯离子含量不得超过 25mg/L。试验介质也可以采用不会导致发生危险的其他液体。

（5）液压试验时，设备外表面应保持干燥。充液后缓慢升压至设计压力，确认无泄漏后继续升压至规定的试验压力，保持时间不少于 30min，然后将压力降至设计压力，并在该压力下对所有焊接接头和连接部位进行检查，检查期间压力应保持不变，不得采用继续加压的方式来维持试验压力不变。

（6）液压试验完毕后，将设备顶部放空阀门打开，从底部排放液体。

（7）液压试验结束后，应将设备内液体排尽，并将试压用的临时连接件全部拆除。

（8）在基础上进行液压试验且溶剂大于 $100m^3$ 的设备，液压试验充液前、充液 1/3、充液 2/3、充满液、充满液 24h 后、放液后应做基础沉降观测。基础不均匀沉降量应不超过设计文件规定值。

29. 液压试验介质的温度应符合哪些规定？

（1）碳素钢、Q345R、Q370 和正火 14Cr1MoR 钢制设备水压试验时，水的温度不得低于 5℃。其他低合金钢制设备水压试验时，水的温度不得低于 15℃。

（2）由于板厚等因素造成材料无延性转变温度升高的设备液压试验时，液体的温度按设计文件规定执行。

30. 液压试验符合哪些条件可判定合格？

（1）无渗漏；

（2）无可见变形；

（3）试验过程中无异常响声；

（4）放水后，对标准抗拉强度下限值大于或等于 540MPa 的钢制设备，进行表面无损检测抽查未发现裂纹。

31. 气压试验有哪些要求？

（1）气压试验时，试压区应设置警戒线，试验单位的安全部门应进行现场监督；

（2）气压试验所用气体宜为空气，也可为氮气或惰性气体；

（3）碳素钢和低合金钢制设备，试验气体温度不得低于 15℃，其他钢种试验气体的温度按设计文件规定；

（4）气压试验应按程序进行升压和检查。

32. 气压试验应按什么程序进行升压和检查？

（1）缓慢升压至规定试验压力的 10%，且不超过 0.05MPa，保压时间应不小于 5min，对所有焊缝和连接部位进行初次泄漏检查；

（2）初次泄漏检查合格后，继续缓慢升压至规定试验压力的 50%，观察有无异常现象；

（3）如无异常现象，继续按规定试验压力的 10% 逐级升压，直到试验压力，保压 30min 后将压力降至设计压力，并在该压力下对所有焊接接头盒连接部位进行检查；

（4）检查期间压力应保持不变，并不得采用继续加压的方式来维持试验压力不变。

33. 气压试验符合哪些条件可判定为合格？

（1）无泄漏；

（2）无可见变形；

（3）试验过程中无异常声响；

（4）卸压后，对标准抗拉强度下限值大于或等于 540MPa 的钢制设备材料，进行表面无损检测抽查未发现裂纹。

34. 气密性试验有哪些要求？

（1）气密性试验前应将安全附件装配齐全；

（2）气密性试验应在耐压试验合格后进行，对做气压试验的设备，气密试验可在气压试验压力降到气密试验压力后一并进行；

（3）气密性试验时的气体温度应符合相关规范或设计的规定要求；

（4）气密性试验的压力应缓慢上升，达到试验压力后，保压时间应不少于30min，同时对焊缝和连接部位等用肥皂液或其他检漏液检查，无泄漏为合格。

35. 设备充水试漏应符合哪些要求？

（1）充水试漏前应将焊接接头和连接部位的外表面清理干净，并保持干燥；

（2）试漏的持续时间应根据检查所需时间决定，且不得少于1h；

（3）焊接接头盒连接部位无渗漏为合格。

36. 设备煤油试漏应符合哪些要求？

（1）煤油试漏前应将焊接接头能够检查的一面清理干净，涂以白垩粉浆，晾干后，在焊接接头的另一面涂以煤油，并使表面保持浸润状态；

（2）30min后以白垩粉上没有油渍为合格。

第二节　催化两器

1. 催化两器的主要结构是怎样的？

两器专指反应再生系统设备中反应（沉降）器和再生器。

两器附件包括再生器中集气室、旋风分离系统、溢流管、分布管（板）及稀相管等，反应（沉降）器中集气室、旋风分离系统、快速分离系统、分布管（板）、汽提段挡板及汽提盘管等，提升管反应器进料喷嘴等。两器结构如图2-9-17所示。

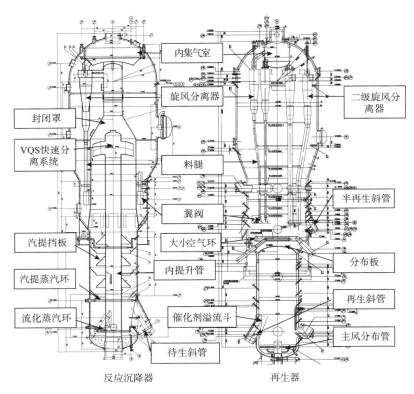

图 2-9-17　催化两器结构示意图

2. 催化裂化装置反应再生系统设备壳体如何组焊?

催化裂化装置反应再生系统设备壳体组焊与一般设备组焊原则相同。

3. 旋风分离系统组焊有哪些要求?

(1)旋风分离器安装应符合下列规定:

①旋风分离器安装就位后,垂直度为 5mm,一级旋风分离器入口标准高度允许偏差为 ±5mm;

②旋风分离器现场组焊焊缝及二级旋风分离器出口管与集气室的焊缝，除设计文件另有规定外，只进行外观检验；

③旋风分离器吊杆中心到旋风分离器本体主轴中心线距离的允许偏差不应大于3mm。

（2）料腿下端与分布管或分布管板垂直距离的允许偏差为±20mm。料腿间的接口及料腿与旋风分离器间的接口应全熔透，并进行表面磁粉或渗透检测。

（3）拉杆应开坡口熔透焊，不应强力组装，每层拉杆中心线应在同一水平面上，各拉杆水平度为2mm/m。拉杆螺栓孔的粗糙度不应大于R_a25。螺栓安装完后应将螺母与螺栓点焊固定。

（4）旋风分离器检修平台螺栓连接件的一端螺母应拧紧，另一端螺母拧紧后再松回半个螺距，用第二个螺母锁紧。

（5）翼阀或防倒锥安装应符合下列规定：

①翼阀安装的角度、出口方向、折翼板与固定板间隙应符合设计文件要求，翼阀的安装角度允许偏差为0.5°，阀板开启、闭合应灵活；

②防倒锥安装水平度偏差不大于4mm/m；

③焊渣和衬里等杂物不得落在配重砣或阀板上；

④轴应无磕碰，缝隙内无杂物进入；

⑤翼阀或防倒锥至分布管（板）的距离允许偏差为±10mm。

（6）旋风分离器吊挂安装应符合下列规定：

①方位允许偏差不大于5mm；

②标高允许偏差为±5mm；

③安装垂直度不得大于1mm；

④吊挂焊缝应饱满、平滑，且无裂纹、无夹渣、无咬肉等缺陷，焊缝表面应进行100%渗透检测，Ⅰ级合格；

⑤焊缝长度应符合设计文件要求，不应有负偏差。

4. 分布管组焊有哪些要求？

（1）主风分布管的主管与再生器壳体接口处角焊缝应熔透焊，并进行表面渗透检测，Ⅰ级合格；分布主管与支管的连接焊缝应进行表面渗透检测，Ⅰ级合格。

（2）树枝状分布管安装应符合下列规定：

①标高允许偏差为 ±5mm；

②树枝状分布管水平度的质量标准应符合表 2-9-13 的要求。

表 2-9-13　树枝状分布管水平度质量标准表　　　mm

设备直径 DN	允许偏差值	检验方法
DN < 1600	3	
1600 ~ 3200	4	用钢尺与水平尺检查
DN > 3200	5	

（3）环状分布管安装应符合下列规定：

①安装中心位置允许偏差不应大于设计文件允许偏移值的 1/3，且不大于 5mm；

②水平度为圆环直径的 1/1000，且不应大于 10mm；

③铰座的方位应正确，活动灵活。

5. 内提升管与待生立管组焊有哪些要求？

（1）沉降器内提升管的长度允许偏差应小于 15mm，与沉降器的同轴度不应超过 5mm；

（2）同轴式两器待生立管垂直度应不大于 2mm。

6. 集气室组焊有哪些要求？

（1）内集气室宜在上封头衬里前整体安装，安装后的水平度与壳体同轴度均为集气筒体内直径的 1.5/1000，且不应大于 5mm；

（2）内集气室上的开孔方位应与旋风分离器的方位一致，开孔中心方位允许偏差不应大于 3mm；

（3）外集气室与设备的同轴度为 10mm；

（4）外集气室与封头对应开口方位允许偏差为 3mm。

7. 其他设备内构件组焊有哪些要求？

（1）汽提挡板安装应符合下列规定：

①相邻环形挡板的间距允许偏差为 ±5mm，累计允许偏差不应大于 10mm；

②内环形挡板的外口与内提升管壳体外壁间距、外环形挡板的内口与汽提段壳体内壁的允许偏差均应为负值，且不应小于 −5mm。

（2）油气阻挡圈安装应符合下列规定：

①油气阻挡圈上侧与壳体的焊接应采用连续焊；

②油气阻挡圈上表面的水平度不应大于 5mm；

③油气阻挡圈的间距允许偏差为 ±10mm，遇环向焊缝时，可将间距缩短或延长 50mm；

④油气阻挡圈中间不允许断开，遇到开孔接管时，可把油气阻挡圈断开再与接管焊成一体。

（3）待生塞阀开口应与待生立管下口对中，同轴度为 2mm。

（4）分布板安装应符合下列规定：

①分布板安装完毕后，平盖封头及裙座与壳体的同轴度为 10mm；

②分布板采用平头盖时，封头的整体水平度为 5mm；

③分布板的标高允许偏差为 ±5mm；

④封头及裙座的对接接头应进行 20% 的射线或超声检测。

（5）蒸汽盘管安装水平度为其直径的 1/1000，立管的垂直度为其高度的 1/1000，且不大于 10mm。

8. 两器附属设备安装有哪些要求？

（1）三级旋风分离器安装：

①立管式三级旋风分离器的上、下隔板安装方位允许偏差为 ±5mm。上、下隔板间对应管孔同轴度为 2mm。

②立管式三级旋风分离器分离单管的垂直度为 3mm，两相邻分离单管导向叶片的旋向应相反，排气管与分离管的同轴度为 1mm。

③卧管式三级旋风分离器同一层分离单管的定位点应在同一水平平面内，水平度为 5mm。相邻分离单管的夹角允许偏差为 ±0.25°，分离单管与水平面的倾角允许偏差为 ±0.25°。

④分离单管安装时，相邻单管的压降应相近。中心进气的立管式三级旋风分离器应将压降大的分离单管布置在内圈，压降小的分离单管布置在外圈。上部进气的卧管式三级旋风分离器应将压降大的分离单管布置在上层，压降小的分离单管布置在下层。

⑤三级旋风分离器内膨胀节的预拉伸应符合设计文件的规定。

⑥吊筒、中心管与筒体的同轴度为三级旋风分离器筒体内径的 1/1000。

（2）四级旋风分离器：

①四级旋风分离器安装后的垂直度为 5mm；

②旋风分离器与管道接口的组焊质量应符合表 2-9-14 的要求。

表 2-9-14　旋风分离器与管道接口的组焊质量标准表　　mm

对口处母材名义厚度 δ_s	对口错变量	检验方法
$\delta_s \leqslant 6$	$\leqslant \delta_s/4$	
$6 < \delta_s \leqslant 10$	$\leqslant \delta_s/5$	用焊缝检验尺测量
$\delta_s > 10$	$\leqslant \delta_s/10 + 1$	

（3）辅助燃烧室：

①弹簧支座安装时，顶面标高与设计标高的允许偏差为 ± 2mm，弹簧支座安装找正过程不应拆除固定板；

②辅助燃烧室出口管与再生器主风管道组装时，同轴度为 6mm；

③燃烧器安装前应进行复验，其中线与法兰面的垂直度为油枪长度的 1/1000。

（4）外提升管：

①安装后的垂直度为 20mm；

②进料喷嘴外套管的中心线应汇交于一点，位置允许偏差为 ±2mm，进料喷嘴安装方位的角度允许偏差为 ±0.5°。

9. 连接管道与组成件安装有哪些要求?

（1）连接管道组装：

①组对焊缝对口错边量的质量标准应符合表 2-9-15 的规定；

表 2-9-15　组对焊缝对口错边量质量标准表　　　　mm

对口处母材名义厚度 δ_s	对口错边量	检验方法
$\delta_s \leqslant 6$	$\leqslant \delta_s/4$	用焊缝检验尺测量
$6 < \delta_s \leqslant 10$	$\leqslant \delta_s/5$	
$\delta_s > 10$	$\leqslant \delta_s/10 + 1$	

②连接管道安装时不应出现折弯，安装后垂直管道的垂直度、水平管道的水平度及倾斜管道的直线度允许偏差为长度的 1/1000，且不应大于 20mm；

③有预变形要求的管道预变形量应符合设计文件的规定。

（2）膨胀节安装：

①膨胀节的预变形应符合设计文件的规定，膨胀节连接短节

端面与管道端面应平口相接；

②膨胀节临时约束应在系统气密或升温前按设计文件的规定拆除，安装过程中拉杆结构的固定螺母不应松动，不得用膨胀节的变形来补偿安装偏差；

③单式铰链型膨胀节安装时，铰链板的方位应正确；

④膨胀节安装方向应与设计文件规定的方向一致。

（3）滑阀安装：

①阀杆方向应符合设计文件的规定；

②阀体与连接管道不应强力组对，组装过程中阀板应处于完全关闭状态；

③恒力弹簧吊架安装前不应对滑阀进行调试；

④阀体安装时应对导轨、阀口、阀板进行保护，阀体安装后在管道内进行作业时，阀板应处于完全关闭状态，且不应有异物进入导轨内。

（4）支吊架安装：

①设备、管道安装后应及时调整固定支吊架，其位置应准确，固定牢固，并处于设计文件规定的受力状态。

②弹簧支吊架安装高度与弹簧安装荷载（刻度值）应符合设计文件的规定；安装时应作好记录，不应采取调整弹簧支架螺杆设定高度的方法补偿安装偏差。

③导向支吊架或滑动支架的滑动面应洁净平整，不应有歪斜和卡涩现象；不得在滑动支架底板处临时点焊定位；仪表电气构件不得焊在滑动支架上；对设计文件有规定的热位移管道和设备，其支吊架的偏置量和偏置方向应符合设计文件的规定。

④设备与支吊架间的垫板应以支吊架焊接牢固，临时固定件应在系统气密或升温前按设计文件的规定拆除。

⑤焊接后的滑动支座应就位正确，功能正常。

⑥滑动支座地面应保持水平，滑动支座与基础之间应贴合紧密。

⑦滑动支座的滑动副不得有损伤，滑动副之间应贴合平整，无脱落。

⑧滑动支座底板与基础垫板、垫板与管道应焊牢；被构件焊后应无变形；垫板与管道的焊缝应留有排气孔。

第十章　其他设备

第一节　塔架式火炬

1. 火炬安装主要工作量有哪些？

主火炬头、主火炬分子封、酸性气火炬（包括火炬头和分子封）、长明灯、点火枪、阻火器、内传燃火嘴、火炬筒安装。

2. 安装前需要做哪些准备工作？

（1）材料准备及验收；

（2）技术准备及现场准备：

①设备及结构重量已核对，安装方案已编制并经监理、甲方批准；

②所有机、索、卡具应处在良好、安全的状态；

③对所有参加安装的作业人员进行详细的安全技术交底；

④手段用料、安全用品及用于支撑（固定）火炬及塔架材料已备齐；

⑤现场施工用电铺设完毕；

⑥场地应处理平整，无障碍物；

⑦现场临时预制场地已铺设完毕；

⑧塔架结构以及设备按要求、按顺序到达临时预制场，将火炬筒按安装顺序放置在轨道小车上，并用螺栓将小车与火炬筒的

鞍座相连接，轨道小车车轮可以在两条轨道上滚动，将火炬筒水平移动；

⑨基础验收完毕。

3. 火炬有哪些施工工序?

（1）倒装法（分段根据图纸和现场情况而定）：

施工准备→材料采购→材料验收→划线→下料切割→筋板钻孔→组对→焊接、检验→预组装→塔架解体→镀锌→基础验收→（最下面几段）塔架安装→（最上面几段）塔架水平组对→（最上面几段）塔架整体吊装→倒装火炬筒、火炬头、分子封安装→分液罐安装→检查→交工验收。

（2）塔架、火炬筒分段安装法（分段根据图纸和现场情况而定）。

施工准备→材料采购→材料验收→划线→下料切割→筋板钻孔→组对→焊接、检验→预组装→塔架解体→镀锌→基础验收→（最下面几段）塔架、火炬筒安装→（最上面几段）塔架、火炬筒水平组对→（最上面几段）塔架、火炬筒、火炬头、分子封整体吊装→分液罐等附件安装→检查→交工验收。

4. 火炬筒体安装有哪些施工技术要求?

（1）火炬筒的限位部件应与火炬筒外壁接触良好，火炬筒应能自由膨胀。

（2）当火炬筒的安装为分段法兰连接时，法兰密封面应无径向划痕及损伤，法兰螺栓的紧固应对称，并应逐次均匀拧紧。

（3）火炬筒组对时的筒体错边量不应超过其筒壁厚度的 1/4，且不应大于 3.0mm；环焊缝棱角度不应大于其筒壁厚度的 1/10 + 2mm，且不应大于 5.0mm。

（4）火炬筒体组焊后需要消除应力处理和射线检查，应严格执行设计图纸和规范要求。

（5）火炬筒安装允许偏差详见表2-10-1。

表2-10-1　　火炬筒安装允许偏差表　　　　　　mm

项目		允许偏差
标高		±5.0
中心线		±5.0
方位		10
直线度	高度小于或等于60m	$H/2000$，且不大于20
	高度大于60m	$H/3000$，且不大于45
垂直度	高度小于或等于60m	$H/1500$，且不大于25
	高度大于60m	$H/2500$，且不大于50
总高度		±50

5. 火炬筒分段安装有哪些施工方法？

（1）塔架和火炬筒分段整体安装法；

（2）以塔架吊装火炬筒，分段倒装。

火炬筒的安装系统由翻转系统、平衡系统、提升系统、导轨系统组成。导轨与火炬塔架固定在一起，翻转系统由翻转卷扬机、导轮、绳索、滑轮组组成，翻转卷扬机为固定设备。平衡系统由两台翻转卷扬机组成，为固定设备。提升系统由提升卷扬机、导轮、绳索、滑轮组组成，提升卷扬机为固定设备。火炬筒翻转后，火炬筒体本身的导向滑块就进入到轨道中，在提升过程中火炬筒就依靠导向滑块在轨道中的定位、限制，来保证火炬筒体的垂直移动。

6. 如何测量塔架每段垂直度？

塔架的找正采用全站仪找正，在组对过程中，每组对一段塔架时，用水准仪沿垂直方向找正，每一段塔架的斜杆"十"字交叉点（见图2-10-1中打圈点）在垂直线上。两个方向都达到要求为合格。

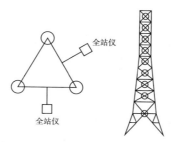

图 2-10-1 全站仪找正塔架示意图

7. 火炬头有哪些常见结构?

火炬头常用的结构型式有:

(1)中心喷嘴式 用于排放气小的场合,如图 2-10-2 所示;

(2)外喷嘴式 用于排放量中等的场合,如图 2-10-3 所示;

(3)梅花喷嘴式 用于排放量大的场合,结构复杂,如图 2-10-4 所示;

(4)夹套多喷孔式 蒸汽耗量小,所需蒸汽压力低,噪声小,如图 2-10-5 所示。在此基础上还有带中心喷孔的火炬头、带气封的火炬头等多种型式,与前几种有类似之处。

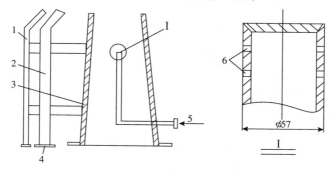

图 2-10-2 中心喷嘴火炬头示意图

1—地面点火引火管 DN25;2—长明灯 DN50;3—火炬头筒体;4—高压燃气;

5—蒸汽;6—28 孔 ϕ6 每排 14 孔均布为 Δ 排列;I—中心喷嘴 DN50

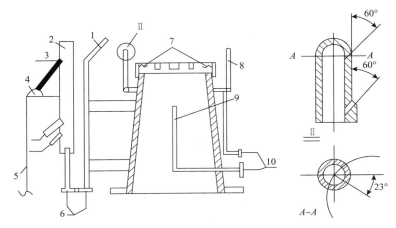

图 2-10-3　外喷嘴火炬头示意图

（外喷嘴的喷射方向在垂直方向与筒体轴线成60°

夹角，在水平方向与筒体半径成23°夹角）

1—长明灯；2—高空电点火器；3—电极；4—电极绝缘子；5—高压导线（钢丝绳）；

6—高压燃气；7—聚火块；8—外喷嘴；9—中心喷嘴；10—蒸汽；Ⅱ—外喷嘴

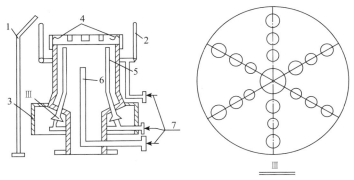

图 2-10-4　梅花喷嘴火炬头示意图

1—长明灯；2—外喷嘴；3—消音器；4—聚火块；5—蒸汽空气混合喷嘴；

6—中心喷嘴；7—蒸汽；Ⅲ—梅花喷嘴

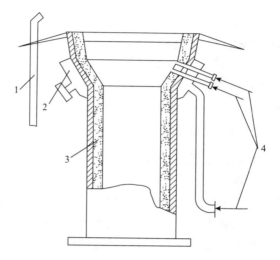

图 2-10-5 夹套多喷孔火炬头示意图

（蒸汽喷嘴实为引射器，数量达 30 余个，夹套中蒸汽经喷嘴可引射大量空气）

1—点火管；2—蒸汽夹套；3—耐热衬里；4—蒸汽

8. 主火炬头安装方法是什么？

火炬头一般都是通过法兰与下方火炬筒或分子封连接。在塔架与火炬筒分段安装法中，采用吊车安装火炬头，在安装过程中，注意火炬头安装方位与下方连接管线相匹配。采用倒装法时，火炬头是在地面上水平与下方火炬筒或分子封完成安装的，注意安装方位与下方连接管线相匹配。

9. 主火炬分子封安装方法是什么？

分子封一般都是通过法兰与下方火炬筒连接。在塔架与火炬筒分段安装法中，采用吊车安装分子封，在安装过程中，注意分子封安装方位与下方连接管线和上方火炬头相匹配。采用倒装法时，分子封是在地面上水平与下方火炬筒、上方火炬头完成安装的，注意安装方位与上、下方连接管线相匹配。

10. 附件安装方法是什么？

酸性气火炬（包括火炬头和分子封）、长明灯、点火枪、阻火器、内传燃火嘴等附件在条件允许的情况下，可以根据安装方法采用单体吊装或地面预组装安装。附件在安装中，注意各个附件安装方位与连接管道的匹配。

11. 火炬安装完成后试验要求有哪些？

(1) 安装记录齐全、准确；

(2) 容器、管道安装后探伤试压合格；

(3) 对排放气和燃料气系统用氮气置换，气密合格；

(4) 点火系统、雾化蒸汽、分子封、切断阀等，单回路试验正常。

12. 火炬安装完成后验收要求有哪些？

(1) 火炬投入运行一周，各项技术指标达工艺要求，点火及控制系统整体适用正常；

(2) 设备达到完好标准；

(3) 提交下列技术资料：

①设计变更及材料代用和材质合格证；

②安装检查记录；

③焊缝质量检验（包括外观、无损探伤等）报告。

13. 火炬检修有哪些常见问题及解决方法？

火炬检修常见问题及解决方法详见表2-10-2。

表 2-10-2　火炬检修常见问题及解决方法汇总表

序号	故障现象	故障原因	处理方式
1	点火失败	1）高压燃气不足或窜入氮气 2）点火电极烧蚀或严重积炭 3）高压导线或绝缘子短路或断开 4）检测仪表故障 5）高压燃气管堵塞 6）地面点火器引火管堵塞 7）地面点火器燃气空气配比不当	1）检查改通流程 2）检修点火电极 3）检修高压线路 4）排除故障 5）疏通管路 6）疏通管路 7）调整配比
2	冒黑烟	1）蒸汽喷嘴烧损严重 2）排放量过大 3）蒸汽仪表调节系统故障 4）调节系统参数整定不当	1）更换 2）加大雾化蒸汽 3）检查排放气流量计、调节阀等 4）调整参数
3	脱火或吹灭	1）雾化蒸汽量过大 2）调节系统参数整定不当	1）调节蒸汽 2）调整参数
4	高空电点火器不熄灭	1）高压燃气电磁阀或切断阀内漏 2）点火反馈仪表故障	1）检修阀门 2）检修仪表系统
5	排放气背压过大	1）阻火器堵塞 2）管线堵塞 3）阀门故障 4）仪表系统执行机构不动作 5）水封罐液位过高	1）清洗疏通 2）疏通管线 3）维修阀门 4）维修仪表 5）疏通溢流管、调整液位
6	火炬下火雨	排放气管线带油	检查分液罐液位，排除液体

第二节　除尘器

1. 除尘器主要有哪几种类型？

除尘器主要有机械式除尘器、静电除尘器、袋式除尘器、湿式除尘器等。

2. 除尘器主要有哪些安装方法？

根据除尘设备工作原理、除尘工艺和结构特性的不同，除尘设备安装方案有很大差异，安装工程施工组织设计的深度和广度也不尽一致。其安装方法分为整体组合安装和分体组合安装两大类。

（1）整体组合安装：

①整体组合安装包括整机结构的除尘设备一段式安装工程，也包括分体制作、现场组合为整机的除尘设备一段式安装工程。非主体的零星部件、仪表和保温工程，可以现场补装，待整机试车调试时校正。

②旋风除尘器、水膜除尘器、冲激式除尘机组、文氏管、袋式除尘机组、静电除尘机组以及空气加热、冷却设备和通风机等配套设备，推荐整机组合安装方案。

（2）分体组合安装：

①对于大型除尘设备因机体超限，给设备制作、运输和安装造成不可逾越的困难时，必须采取分体制作与分体组合方案。即分体部件在工厂预制、现场组合、分体安装的多段式组合安装。

②非主体的零星部件、仪表和保温工程也可以现场补装，待整机试车调试时校正。

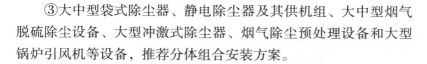

③大中型袋式除尘器、静电除尘器及其供机组、大中型烟气脱硫除尘设备、大型冲激式除尘器、烟气除尘预处理设备和大型锅炉引风机等设备，推荐分体组合安装方案。

3. 组合安装原则是什么？

（1）推荐整体组合安装：

①整体组合安装，包括产品出厂时就是装配成型的整机，也包括现场分体组合后符合整体安装的整机。

②整体组合安装，主要指除尘设备的主体。部件配件和显示仪表，可以在主体安装后配装。

（2）科学组织大型除尘设备的分体组合安装：

①以长袋低压脉冲除尘器、静电除尘器为代表的大型除尘器，具有结构复杂、占地多、体积大、质量大的特点。确系不能整体组合安装的，可以分体组合安装。

②分体组合安装时，要求分体部件完整，组合灵活，安装方便，把现场焊接工作量降到最低值。

（3）拒绝现场就地加工、零星拼装的粗放型安装：现场制作、现场安装，是一种原始安装方式，它虽具有就地制作与安装的优势，但不能提供加工优势（机具、装备），往往导致耗材多、质量差、成本高，甚至粗制滥造，降低除尘器功能。这种安装模式不宜提倡，应主动拒绝。

4. 组合安装工艺方法主要有哪几种？

三点安装法、整体组合一次安装法、分体组合－分段安装法等。

5. 什么是三点安装法？

三点安装法是利用"二点找平，第三点随平（三点成面）"的原理，来完成设备安装定位与找平的。设备安装找平，标准作业采用水准仪来完成。

在设备基础验收的前提下，首先将设备吊装就位；其次，按设备中心线调整定位；第三，横（纵）向任取两个地脚板找平（垫板调节），而后纵（横）向任取一个地脚板找平（垫板调节），则整个设备水平。其他地脚按此找平、处理，整个设备视为水平。必要时，再做箱体水平度和垂直度检测确认，水平度和垂直度误差不超过1/1000。三点安装法适合任何机械设备的设备找平和除尘器安装找平。

6. 什么是整体组合一次安装法？

整体组合（含单机设备）一次安装法如图2-10-6所示，是常见的机械设备安装法。其特点是整体组合，一次吊装。在设备基础验收的基础上，应用吊装设备一次将整体组合设备吊装就位，待设备基准线（中心线、标高及水平度）调整合格后，固定地脚螺栓。再次检验中心线、标高，调整水平度和垂直度无误，履行二次灌浆，视为安装合格。

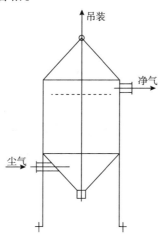

图2-10-6　整体组合一次安装法示意图

7. 何种情况下推荐采用整体组合一次安装法？

(1)除尘设备应是一个整体设备；

(2)除尘设备是由几个部件组装的整体设备；

(3)除尘设备的主体设备，是一个整体设备，零星配套件可以后续配套安装；

(4)设备全重适宜直接吊装的。

8. 整体组合一次安装法的安装准则是什么？

(1)设备基础验收，部件整体组合，吊装机具准备就绪。

(2)安装总平面及立体空间，规划有序、整体组合安装，无障碍性限制。整体组合件存放方向与设备起吊方向相呼应。

(3)整体组合件吊装方案科学合理。设备吊装就位，初步固定。应用三点安装法，及时找平、找正。再次校验后，安装无误，视为合格。二次灌浆，永久性固定。

(4)续装内部设施及控制仪表。

(5)组织试车与调整。

9. 什么是分体组合－分段安装法？

应用单元部件分体组合为一个准整体组合件，分段完成设备安装的方法如图 2-10-7 所示。安装顺序为：1→2→3→4。

10. 何种情况下推荐采用分体组合－分段安装法？

(1)除尘设备在结构上不能实现一次组合为整体的；

(2)除尘设备全重超载，不能一次吊装的；

(3)除尘工艺不许可一次总装，其结果可能影响除尘设备功能的；

(4)其他因素致使除尘设备不能一次总装的。

11. 分体组合－分段安装法的安装准则是什么？

(1)设备基础验收，部件分体组合，排列有序，吊装机具准备就绪。

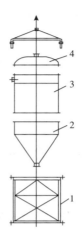

图 2-10-7　分段完成设备安装法示意图
1—设备支架；2—圆形灰斗；3—筒体；4—封头

（2）安装纵平面及立体空间，规划有序，准整体组合安装时无障碍性限制。准整体组合件存放方向与设备起吊方向相呼应。

（3）整体组合件吊装方案科学合理。设备分段吊装，分段就位。应用三点安装法，自下而上（由后至前），分段安装。及时找平、找正。反复检验，安装无误，视为合格。二次灌浆，永久性固定。

（4）续装内部设施及控制仪表。

（5）组织试车与调整。

12. 安装需要做哪些准备工作？

全面做好安装准备工作，是科学组织设备安装的重要环节。常规程序的安装准备工作包括①技术准备；②设备基础验收；③施工机具（包括重点机具）准备；④设备验收；⑤应急措施。

13. 除尘器安装允许偏差和要求有哪些？

除尘器的安装位置正确，牢固平稳，允许偏差应符合表 2-10-3 的要求。

表 2-10-3　除尘器安装质量允许偏差表

序号	项　目		允许偏差/mm	检验方法
1	平面位移		≤10	用经纬仪或拉线、尺量检查
2	标高		±10	用水准仪、直尺、拉线和尺量检查
3	垂直度	每米	≤2	吊线和尺量检查
		总偏差	≤10	

除尘器活动或转动部件的动作灵活、可靠，并应符合设计要求。除尘器的排灰阀、卸料阀、排泥阀、供排水阀的安装应严密、方向正确，并便于操作与围护管理。除尘器进出口方位无误，标高正确。

14. 静电除尘器安装应符合哪些技术要求?

（1）阳极板组合后的阳极排平面度允许偏差为 5mm，其对角线允许偏差为 10mm；

（2）阳极小框架组合后主平面的平面度允许偏差为 5mm，其对角线允许偏差为 10mm；

（3）阳极大框架的整体平面度允许偏差为 15mm，整体对角线允许偏差为 10mm；

（4）阳极板高度小于或等于 7m 的电除尘器，阴、阳极间距允许偏差为 5mm，阳极板高度大于 7m 的电除尘器，阴、阳极间距允许偏差为 10mm；

（5）振打锤装置的固定应可靠，振打锤的转动应灵活，锤头方向应正确，振打锤头与振打砧之间应保持良好的线接触状态，接触长度应大于锤头厚度的 0.7 倍；

（6）高温电除尘器供热膨胀收容用的柱脚、伸缩器和进出口膨胀节应保证热状态下运行自如，不受限；

（7）高温电除尘器试车时，应做好烟气预热，防止石英管（陶瓷管）内部结露而影响供电；

（8）电除尘器外壳及阳极，要具有接地保护与防雷保护设施，接地电阻小于10Ω。

15. 袋式除尘器安装应符合哪些技术要求？

（1）除尘器外壳应严密、不漏气，滤袋接口牢固。

（2）分室反吹袋式除尘器的滤袋安装，必须平直。每条滤袋的拉紧力应保持25～35N/m。与滤袋连接接触的短管和袋帽，应无毛刺和焊瘤。

（3）机械回转袋式除尘器的旋臂，旋转应灵活、可靠。净气室上部的顶盖，应密封不漏气，旋转灵活、可靠、无卡阻现象。

（4）脉冲袋式除尘器，推荐在线式长袋低压脉冲除尘器，强力喷吹清灰装置喷出口应对准滤袋口中心或喷吹管中心对准文氏管的中心，同心度允许偏差为2mm。

（5）要重视高温烟气结露对袋式除尘器运行的影响，采取切实的技术组织措施，保证袋式除尘器在高于露点20～30℃运行。

16. 冲激式除尘器安装应符合哪些技术要求？

（1）严格保持箱体密封与设备水平度，允许偏差在0.1%以内；

（2）严格保持S板间隙不超过设计值的±2mm，S形通道风速为25～35m/s。

17. 文氏管安装应符合哪些技术要求？

（1）文氏管与脱水器中心相一致，允许偏差为2mm；

（2）喷嘴能力应符合设计规定，做到安装方向正确。

18. 风管、弯头、三通、阀门等附件安装有哪些技术要求?

（1）风管及附件安装前，应清除内外杂物，做好清洁与保护工作。

（2）风管及其附件的安装位置、标高和走向，应符合设计规定，质量标准及检验方法见表2-10-4。

表2-10-4　风管及其附件的安装质量要求表

项别		项　目	质量标准	检验方法	检查数量
保证项目	1	部件规格	各类部件的规格、尺寸必须符合设计要求	尺量和观察检查	按数量抽查10%，但不少于5件。防火阀逐个检查
	2	防火阀	防火阀必须关闭严密。转动部件采用耐腐蚀材料，外壳、阀板的材料厚度严禁小于2mm	尺量、观察和操作检查	
	3	风阀组合	各类风阀的组合件尺寸必须正确，叶片与外壳无碰擦	操作检查	
	4	洁净系统阀门	其固定件、活动件及拉杆等，如采用碳素钢材制作，必须做镀锌处理。轴与阀体连接处的缝隙必须封闭	观察检查	

续表

项别	项　目		质量标准	检验方法	检查数量
基本项目	1	部件组装	合格：连接牢固、活动件灵活可靠 优良：连接严密、牢固，活动件灵活可靠，松紧适度	手扳和观察检查	按数量抽查 10%，但不少于 5 件。防火阀逐个检查
	2	风口的外观质量	合格：格、孔、片、扩散圈间距一致，边框和叶片平直整齐 优良：在合格的基础上，外观光滑、美观	观察和尺量检查	
	3	风阀制作	合格：有启闭标记。多叶阀叶片贴合、搭接一致，轴距偏差不大于 2mm 优良：阀板与手柄方向一致，启闭方向明确。多叶阀叶片贴合、搭接一致，轴距偏差不大于 1mm		
	4	罩类制作	合格：罩口尺寸偏差每米不大于 4mm，连接处牢固 优良：罩口尺寸偏差每米不大于 2mm，连接处牢固，无尖锐边缘		

续表

项别		项　　目	质量标准	检验方法	检查数量
基本项目	5	风帽制作	合格：尺寸偏差每米不大于4mm，形状规整，旋转风帽重心平衡 优良：尺寸偏差每米不大于2mm，形状规整，旋转风帽重心平衡		
允许偏差项目	1	外形尺寸	2mm	尺量检查	按数量抽查10%，但不少于5件。防火阀逐个检查
	2	圆形最大与最小直径之差	2mm	尺量互成90°直径检查	
	3	矩形两对角线之差	3mm	尺量检查	

（3）风管接口的连接应严密、牢固。按设计规定可用焊接或法兰连接，法兰连接可用 $\delta = 3$ 胶垫作密封垫，固定前涂刷密封胶。

（4）风管的连接应平直、不扭曲。明装风管水平安装，水平度允许偏差为3/1000，总偏差不应大于20mm。明装风管垂直安装，垂直度允许偏差为2/1000，总偏差不应大于20mm。暗装风管的位置，应正确，无明显偏差。除尘系统风管，宜垂直或倾斜敷设，与水平夹角宜大于或等于45°。小坡度和水平管，应尽量少。

（5）风管支、吊架按设计确定。设计无规定时，直径或长边尺寸小于或等于400mm，间距不应大于4m。直径或长边尺寸大于100mm，不应大于3m。对于薄钢板法兰管道，其支、吊架间距不应大于3m。

（6）各类风阀应安装在便于操作及检修的部位，安装后的手动或电动操作装置应灵活、可靠、阀板关闭应保持严密。

（7）除尘系统吸入管段的调节阀，宜安装在垂直管段上。

（8）风帽安装必须牢固，连接风管与屋面或墙面的交接处不应渗水。

（9）排、吸风罩的安装位置应正确，排列整齐，牢固可靠。

（10）集中式真密吸尘管道坡度宜为 5/1000，坡向立管或吸尘点。吸尘嘴与管道的连接，应牢固、严密。

19. 空气过滤器安装有哪些技术要求？

（1）安装平整、牢固、方向正确，过滤器与框架、框架与围护结构之间应严密无穿透缝；

（2）框架式或粗效、中效袋式空气过滤器的安装，过滤器四周与框架应均匀压紧，无可见缝隙，并应便于拆卸和更换滤料；

（3）卷绕式过滤器的安装，框架应平整，展开的滤料应松紧适中，上下筒体应平行。

20. 消音器安装有哪些技术要求？

（1）消声器安装前应保持干净，做到无油和浮尘。

（2）消声器安装的位置、方向应正确，与风管连接应严密，不得有损害和受潮；两组同类型消声器不宜直接串联。

（3）现场安装的组合式消声器，消声组件的排列、方向和位置，应符合设计要求；单个消声器组件的固定应牢固。

（4）消声器、消声弯管均设独立支、吊架。

21. 灰斗如何组装？

（1）先将上部单片分别组合成形，并将其倒放在平台上；

（2）然后把四个壁板依次点焊固定，检查尺寸无误后再施焊；

（3）焊好后再将下灰斗对接组焊，灰斗外壁的角钢加强要相互搭接，搭接处要焊牢，以免影响强度。

22. 灰斗如何安装?

（1）灰斗整体组装后，用吊车进行吊装。为防止吊装时变形，在灰斗内装设临时加固支撑。

（2）吊装时，应注意灰斗上口的长度方向，不得装错，且临时支撑在基础上。待承压件、侧板就位后，逐个将灰斗找正调平。

（3）然后将灰斗与纵梁连接处焊接，焊接要密封和牢固，要保证气密和强度。

（4）灰斗就位后，在灰斗内垂直于气流方向安装阻流板，阻流板、导流板、均布板安装前应核对其形状尺寸是否符合图纸要求，平面弯曲度允许偏差不超过3mm，安装完毕后不影响阴阳极的膨胀。

（5）灰斗采用电加热装置时，保温前应做通电试验；采用蒸汽加热装置时，保温前应做水压试验，试验压力为工作压力的1.25倍。

23. 灰斗安装应符合哪些要求?

（1）灰斗安装前，钢支座安装验收合格；

（2）灰斗部件的拼接应符合设计技术文件要求；

（3）每组灰斗的拼装应与出厂编号一致，不得将不同编号的灰斗部件组装成一组灰斗；

（4）灰斗部件的现场拼接焊缝应严密，焊接完成后按设计技术文件要求无损检测合格；

（5）灰斗内壁焊缝检测合格后，应按设计文件要求打磨光滑；

（6）灰斗壁板加强筋板的安装、焊接应符合设计技术文件要求。不得出现随意切割、开孔等影响其强度的现象；

(7)灰斗安装允许偏差要求应符合表2-10-5的规定。

表2-10-5　灰斗安装允许偏差表　　　　　　mm

项次	检查项目	允许偏差	检验方法
1	灰斗垂直度	<6	磁力线坠实测
2	灰斗上下面中心偏差	±5	磁力线坠实测
3	灰斗各侧面弯曲度(L为侧面长度)	0.1%L，且≤10	1m直尺实测
4	灰斗上下面平面度	±2	连通管实测

24. 除尘器安装调试过程有哪些?

安装调试是除尘设备安装后期的重要工作。通过安装调试，发现设备设计与安装过程存在的缺陷，采取相应的改进措施，提升除尘设备性能，为除尘设备运行与验收提供科学依据。安装调试分为单机试车调整试验、无负荷试车调整试验和负荷试车调整试验。

第三篇　质量控制

1. 图3-1-1 中的土建基础和预埋地脚螺栓存在什么质量问题?

图 3-1-1

存在的质量问题有:①预埋地脚螺栓没有涂抹黄油保护;②部分螺栓严重扭曲变形;③未见标高等基准线标识。

原因:施工作业人员质量意识不强,作业技能较差。

整改措施与建议:①对扭曲变形的地脚螺栓进行矫正并涂抹黄油加 PVC 管加以保护;②标高等基准线需及时标识。

2. 图3-1-2 中的钢结构构件存在什么质量问题?

图 3-1-2

存在的质量问题有：钢结构构件堆放在泥地里，未采取保护措施。

原因：施工作业人员质量意识不强，文明施工措施不到位。

整改措施与建议：堆放场地尽量硬化处理并采用木块垫高防止被水浸泡。

3. 图3-1-3中的钢结构安装存在什么质量问题？

图3-1-3

存在的质量问题有：①钢结构立柱底板垫铁偏短；②麻面不符合要求；③标高线未喷数值。

原因：施工作业人员质量意识不强，作业技能较差。

整改措施与建议：①按方案要求的垫铁规格重新设置垫铁；②基础麻面重新凿毛处理并喷写标高数值；③加强工序交接管理。

4. 图3-1-4中的钢结构节点板存在什么质量问题？

存在的质量问题有：钢结构节点板采用火焰切割，外观成形较差。

原因：施工作业人员质量意识不强，作业技能较差。

整改措施与建议：节点板进行打磨，在后续施工中尽量使用技能较高的人员进行切割或采用机加工进行制作。

图 3-1-4

5. 图 3-1-5 中的构件连接板存在什么质量问题？

图 3-1-5

存在的质量问题有：钢结构柱、梁、连接板的摩擦面大部分未经喷砂处理。

原因：施工作业人员质量意识不强，技术要求不明确。

整改措施与建议：抛丸喷砂处理且处理完后禁止刷漆。

6. 图 3-1-6 中的钢混结构预埋件存在什么质量问题？

图 3-1-6

存在的质量问题有：钢混结构预埋件安装偏差达 100mm，严重超标。

原因：施工作业人员质量意识不强，作业技能较差，预埋件设置时检查验收不到位。

整改措施与建议：采用化学植筋重新设置预埋件，在后续实施中要加强预埋件位置的验收工作。

7. 图 3-1-7 中的钢梁连接板存在什么质量问题？

图 3-1-7

存在的质量问题有：钢梁连接板弯曲严重。

原因：施工作业人员质量意识不强，对技术质量要求认识不足。

整改措施与建议：矫正连接板或更换新连接板。

8. 图3-1-8中的高强螺栓孔存在什么质量问题？

图3-1-8

存在的质量问题有：①高强螺栓孔错位；②使用火焰开孔。

原因：施工作业人员质量意识不强，不应直接使用火焰开孔。

整改措施与建议：对孔距超标的连接板按规范要求对孔进行填塞并无损检测合格后重新制作尺寸符合要求的螺栓孔。

9. 图3-1-9中的高强螺栓连接节点存在什么质量问题？

存在的质量问题有：①高强螺栓连接节点摩擦面有油漆；②塑料膜未清理干净；③采用气割扩孔。

原因：施工作业人员质量意识不强，作业技能较差，技术质量要求认知不到位。

整改措施与建议：对摩擦面的油漆及塑料薄膜进行清理，采用机械扩孔。

图 3－1－9

10. 图 3－1－10 中的高强螺栓连接节点存在什么质量问题?

图 3－1－10

存在的质量问题有：高强螺栓未终拧就涂刷油漆。

原因：施工作业人员质量意识不强，技术质量要求认知不到位。

整改措施与建议：按设计要求的力矩值进行高强螺栓终拧合格后涂刷油漆。

11. 图 3-1-11 中的高强螺栓连接节点存在什么质量问题？

图 3-1-11

存在的质量问题有：采用火焰切割扭剪型高强螺栓尾部梅花头。

原因：施工作业人员质量意识不强，技术质量要求认知不到位。

整改措施与建议：终拧应以拧掉螺栓尾部梅花头为准。高强度螺栓连接副的初拧、复拧、终拧宜在 24h 内完成。

12. 图 3-1-12 中的钢结构构件存在什么质量问题？

存在的质量问题有：钢结构表面质量没有喷砂处理，就进行油漆。

原因：施工作业人员技术质量要求认知不到位。

整改措施与建议：不合格区域重新喷砂处理，合格后再进行油漆。

图 3-1-12

13. 图 3-1-13 中的钢结构构件存在什么质量问题?

图 3-1-13

存在的质量问题有:钢结构表面喷砂处理不合格或者雨雪天油漆,导致油漆脱落。

原因:施工作业人员质量意识不强,技术质量要求认知不到位。

整改措施与建议：①对不合格区域重新喷砂，严禁在雨雪天进行油漆工作；②油漆涂完后要做油漆的附着力试验。

14. 图 3−1−14 中的钢结构构件存在什么质量问题？

图 3−1−14

存在的质量问题有：构件的螺栓孔漏钻。

原因：施工作业人员未按要求施工，检查验收不到位。

整改措施与建议：按图纸要求钻孔。

15. 图 3−1−15 中的钢结构构件存在什么质量问题？

图 3−1−15

存在的质量问题有：螺栓孔孔距偏差太大，导致孔距对不上。

原因：施工作业人员质量意识不强，作业技能较差。

整改措施与建议：对不合格的孔进行堵孔，再按实际组对的位置进行重新钻孔。

16. 图 3-1-16 中的钢结构构件存在什么质量问题？

图 3-1-16

存在的质量问题有：钢构件设计为单 V 字坡口，组对后的焊缝坡口间隙达 25mm。

原因：施工作业人员质量意识不强，作业技能较差，技术质量要求认知不到位。

整改措施与建议：更换梁的一端，使其达到设计要求。

17. 图 3-1-17 中的钢结构构件存在什么质量问题？

存在的质量问题有：连接牛腿与钢梁的不平度超差严重，导致连接面不平整。

原因：施工作业人员质量意识不强，作业技能较差，技术质量要求认知不到位。

整改措施与建议：进行机械或火焰调整，使其达到安装的要求。

图 3-1-17

18. 图 3-1-18 中的钢结构构件存在什么质量问题？

图 3-1-18

存在的质量问题有：劳动保护一边与平台间隙过大，导致无法焊接。

原因：施工作业人员质量意识不强，作业技能较差，技术质量要求认知不到位。

整改措施与建议：采用机械或者火焰调整，使其达到与平台相连。

19. 图3-1-19中的钢结构构件存在什么质量问题？

图3-1-19

存在的质量问题有：上下两螺栓孔孔距相差太大，导致螺栓连接不上。

原因：施工作业人员质量意识不强，作业技能较差，技术质量要求认知不到位。

整改措施与建议：进行堵孔后重新钻孔。

20. 图3-1-20中的钢结构构件存在什么质量问题？

存在的质量问题有：焊道气孔严重超标，影响构件质量。

原因：施工作业人员质量意识不强，作业技能较差，焊接作业时挡风措施不到位。

整改措施与建议：焊道打磨后重新进行焊接处理。

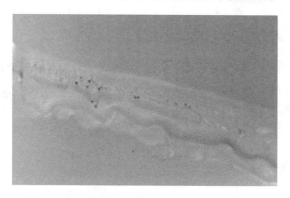

图 3−1−20

21. 图 3−1−21 中的设备安装存在什么质量问题？

图 3−1−21

存在的质量问题有：设备就位后滑动端余量不足。

原因：由于地脚螺栓预埋位置偏差或设备底座螺栓孔开孔位置偏差原因，造成设备安装时不能顺利就位或就位后设备滑动端余量不足。

　　整改措施与建议：卧式设备滑动端地脚螺栓宜处于支座长圆孔的中间，位置偏差应向补偿温度变化所引起的伸缩方向。对螺栓孔进行扩孔，在后续安装中要加强对基础地脚螺栓和设备螺栓孔间距的复核，确保滑动端有余量。

22. 图 3-1-22 中的设备安装存在什么质量问题？

图 3-1-22

　　存在的质量问题有：①基础地脚螺栓问题导致的螺母不能全扣锁紧或锁紧后螺纹露出长度不符合规范要求；②滑动端未设置滑板。

　　原因：施工作业人员质量意识不强，作业技能较差，技术质量要求认知不到位。

　　整改措施与建议：①地脚螺栓的螺母和垫圈应齐全，采用双螺母，紧固后螺纹漏出螺母不应少于 2 个螺距；②滑动端应设置滑板，砸除部分基础上表面，降低设备标高。

23. 图 3-1-23 中的设备安装存在什么质量问题？

　　存在的质量问题有：设备安装时，准备的垫铁总体长度不够，导致垫铁伸出长度不够或伸进设备底座长度不够。

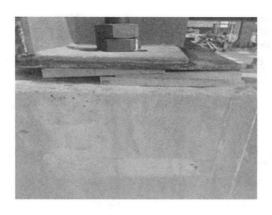

图 3-1-23

原因：施工作业人员质量意识不强，作业技能较差，技术质量要求认知不到位。

整改措施与建议：①垫铁应露出设备制作底板外缘 10 ~ 30mm，垫铁伸入支座底板长度应超过地脚螺栓；②设备安装前准备规格齐全的平、斜垫铁，更换长度不符合规范要求的垫铁。

24. 图 3-1-24 中的设备安装存在什么质量问题？

图 3-1-24

存在的质量问题有：设备基础底板垫铁安装数量达 8 块、高度达 130mm。

原因：施工作业人员质量意识不强，技术质量要求认知不到位，检查验收与工序交接工作不到位。

整改措施与建议：①加强基础验收和工序交接管理力度，采用座浆法重新设置垫铁；②确保垫铁组高度符合规范要求。

25. 图 3-1-25 中的设备安装存在什么质量问题？

图 3-1-25

存在的质量问题有：灌浆前垫铁组层间未进行焊接固定。

原因：施工作业人员技术质量要求认知不到位。

整改措施与建议：将垫铁组层间都进行焊接固定。

26. 图 3-1-26 中的设备安装存在什么质量问题？

存在的质量问题有：垫铁组高度和灌浆层高度不符合规范要求。

原因：施工作业人员质量意识不强，技术质量要求认知不到位，检查验收与工序交接工作不到位。

整改措施与建议：①垫铁组高度宜为 30 ~ 80mm；②加强基

础验收，对验收出的问题及时要求土建单位整改；③加强工序交接管理。

图 3-1-26

27. 图 3-1-27 中的设备安装存在什么质量问题？

图 3-1-27

存在的质量问题有：垫铁间搭接有缝隙、斜垫铁搭接不符合规范要求。

原因：施工作业人员质量意识不强，技术质量要求认知不到位。

整改措施与建议：①各组垫铁均应被压紧，垫铁与支座之间应均匀接触；②斜垫铁搭接长度不应小于全长的 3/4；③将放置垫铁处的基础磨平后再放置垫铁，更换合适的斜垫铁。

28. 图 3-1-28 中的设备安装存在什么质量问题？

图 3-1-28

存在的质量问题有：筋下未配置垫铁。

原因：施工作业人员质量意识不强，技术质量要求认知不到位。

整改措施与建议：有加强筋的设备支座，垫铁应垫在加强筋下。

29. 图 3-1-29 中的设备安装存在什么质量问题？

存在的质量问题有：螺栓未设置垫片。

原因：施工作业人员技术质量要求认知不到位。

整改措施与建议：设备螺栓下应设置垫片；重新设置符合规格要求的垫圈并锁紧螺母。

图 3-1-29

30. 图 3-1-30 中的设备安装存在什么质量问题？

图 3-1-30

存在的质量问题有：垫铁与设备底座焊接。

原因：施工作业人员技术质量要求认知不到位。

整改措施与建议：①垫铁组层间进行焊接固定，严禁与设备底座焊接；②将焊点磨除并将周边焊条头等杂物进行清理。

31. 图 3-1-31 中的设备安装存在什么质量问题？

图 3-1-31

存在的质量问题有：垫铁松动未压实。

原因：施工作业人员质量意识不强，技术质量要求认知不到位。

整改措施与建议：①各垫铁组均应被压实；②更换合适垫铁，用小锤锤击检查垫铁松动情况。

32. 图 3-1-32 中的设备安装存在什么质量问题？

图 3-1-32

存在的质量问题有：螺母垫圈不配套。

原因：施工作业人员质量意识不强，技术质量要求认知不到位。

整改措施与建议：螺母应使用配套垫圈并更换配套垫圈。

33. 图 3-1-33 中的设备安装存在什么质量问题？

图 3-1-33

存在的质量问题有：相邻垫铁组间距离过大。

原因：施工作业人员质量意识不强，技术质量要求认知不到位。

整改措施与建议：①相邻垫铁间距不得大于 500mm；②设备底座增加垫铁组。

34. 图 3-1-34 中的设备安装存在什么质量问题？

存在的质量问题有：设备出入口已经配管完成，但垫铁没有隐蔽，还未灌浆。

原因：施工作业人员质量意识不强，技术质量要求认知不到位，检查验收与工序交接工作不到位。

整改措施与建议：将设备管口脱离，重新找正设备，找正合格后办理工序交接进行灌浆，灌浆养护期到后重新进行配管。

图 3-1-34

35. 图 3-1-35 中的设备安装存在什么质量问题？

图 3-1-35

存在的质量问题有：设备滑动端垫板被二次灌浆层埋没。

原因：施工作业人员质量意识不强，技术质量要求认知不到位。

整改措施与建议：对施工人员加强交底，对垫板上混凝土进行铲除。

36. 图 3-1-36 中的设备安装存在什么质量问题?

图 3-1-36

存在的质量问题有:垫铁设置未经核算,垫铁组数设置不够。

原因:施工作业人员质量意识不强,技术质量要求认知不到位,技术管理不到位。

整改措施与建议:虽然裙式支座每个地脚螺栓设置 1~2 组垫铁,但是大型塔器需要经过核算确定组数及规格。

37. 图 3-1-37 中的设备内件安装存在什么质量问题?

图 3-1-37

存在的质量问题有：安装完成后工具未带出设备。

原因：施工作业人员质量意识不强，技术质量要求认知不到位。

整改措施与建议：塔内件安装工具随身携带。

38. 图 3-1-38 中的设备内件安装存在什么质量问题？

图 3-1-38

存在的质量问题有：分布管连接法兰未紧固。

原因：施工作业人员质量意识不强，技术质量要求认知不到位。

整改措施与建议：检查紧固。

39. 图 3-1-39 中的设备内件安装存在什么质量问题？

图 3-1-39

存在的质量问题有：塔盘与支撑圈之间缝隙过大，漏液严重。

原因：施工作业人员质量意识不强，技术质量要求认知不到位。

整改措施与建议：所有间隙调整均匀。

40. 图 3-1-40 中的设备内件安装存在什么质量问题？

图 3-1-40

存在的质量问题有：塔盘与支撑圈之间的固定夹方位歪斜，部分固定夹未固定在支撑圈上。

原因：施工作业人员质量意识不强，技术质量要求认知不到位。

整改措施与建议：固定前调整方位，确保与支撑圈垂直，紧固牢固。

41. 图 3-1-41 中的设备内件安装存在什么质量问题？

存在的质量问题有：塔盘固定夹方向有误，螺栓未紧固到位。

原因：施工作业人员质量意识不强，技术质量要求认知不到位。

整改措施与建议：调整固定夹方向，确保两侧扣压在相邻塔内件上。

图 3-1-41

42. 图 3-1-42 中的设备内件安装存在什么质量问题?

图 3-1-42

存在的质量问题有: 降液板连接螺栓不全。

原因: 施工作业人员质量意识不强, 技术质量要求认知不到位。

整改措施与建议: 补全螺栓, 不得遗漏。

43. 图 3-1-43 中的设备内件安装存在什么质量问题?

存在的质量问题有: 降液板与塔盘连接件未安装紧固。

　　原因：施工作业人员质量意识不强，技术质量要求认知不到位。

　　整改措施与建议：补全螺栓并紧固，不得遗漏。

图 3-1-43

44. 图 3-1-44 中的设备内件安装存在什么质量问题？

图 3-1-44

　　存在的质量问题有：降液板固定件与降液板螺栓孔不匹配。

　　原因：施工作业人员质量意识不强，技术质量要求认知不到位。

整改措施与建议：现场开孔补全螺栓，不得遗漏。

45. 图 3-1-45 中材料经切割后存在什么质量问题？

图 3-1-45

存在的质量问题有：①切割缺口；②氧化层；③切割残留。

原因：①设备精度不高；②气体不纯；③作业人员操作技能差；④作业人员质量意识不强。

整改措施与建议：①提高切割设备的精度及操作人员的技能、质量意识；②氧气的纯度要达标；③选用合适的切割嘴头，控制风线。

46. 图 3-1-46 滚弧后的罐壁板存放存在什么质量问题？

存在的质量问题有：①板堆放过高，板与板之间小方木支垫设置不合理；②壁板未使用专用弧形胎具存放。

原因：作业人员施工经验不足，成品保护意识不强。

整改措施与建议：①滚弧后的成品壁板使用专用胎具进行堆放；②分层堆放时，板与板之间应设置木质小方块，且小方块必须在同一垂线上，小方块的间距不宜大于 1.5m（沿板长度方向）；

③板厚大于 20mm 的板堆放时不宜超过 5 张，其余壁板不宜超过 10 张；④提高作业人员作业技能和质量意识。

图 3-1-46

47. 图 3-1-47 钢板母材表面存在什么质量问题？

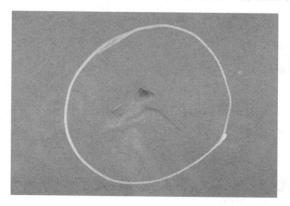

图 3-1-47

存在的质量问题有：锤击造成母材损伤。

原因：作业人员操作技能差，质量意识不强。

整改措施与建议：①不锈钢、低温钢及高强钢等特殊材料要求不许使用铁锤的禁止使用铁锤；②一般情况下使用铁锤前应增设垫板予以保护母材；③普通钢在使用铁锤组对时，要保证铁锤与母材是面与面接触。

48. 图3-1-48 接管开孔存在什么质量问题？

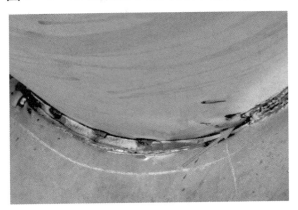

图3-1-48

存在的质量问题有：开孔孔径切割误差大，组对间隙大。

原因：作业人员操作技能差、经验不足；开孔前检查不严格。

整改措施与建议：①使用专用工具进行号线，号线后必须经自检、专检等联合检查确认后方能开孔；②大于200mm的孔要先开小孔再进行扩孔；③提高作业人员操作技能。

49. 图3-1-49 接管孔安装存在什么质量问题？

存在的质量问题有：接管孔安装不向心，安装误差超标。

原因：作业人员理解设计图纸不够，质量标准不清楚；作业人员质量意识不强。

整改措施与建议：①孔板接管在预制时使用专用胎具，并考

图 3-1-49

虑防变形措施；②接管法兰预制时要保证垂直；③接管法兰安装时要从不同方位和角度仔细测量，满足设计要求后再正式焊接；④提高作业人员操作技能和增强质量意识。

50. 图 3-1-50 罐底板与垫板组对存在什么质量问题？

图 3-1-50

存在的质量问题有：罐底板与垫板间隙超标。

原因：垫板或底板存在变形；作业人员质量意识不强。

整改措施与建议：①底板铺设时要保证底板与垫板的间隙不超过1mm，垫板应与底板平行，垫板变形或移位要及时处理或更换；②二次组对时，使用机械压缝使组对部位受力均匀；③对作业人员加强质量教育培训。

51. 图3-1-51 罐壁纵缝组对存在什么质量问题？

图3-1-51

存在的质量问题有：壁板变形；坡口直线度不符合要求。

原因：作业人员操作技能不熟练。

整改措施与建议：①控制壁板下料宽度方向的直线度；②纵缝组对时增加E形板的数量，建议E形板之间的间距不宜超过400mm，上下E形板距离环缝不宜超过120mm；③调节垂直度时要保证间隙不超出规范要求；④提高作业人员操作技能。

52. 图3-1-52 罐壁母材存在什么质量问题？

存在的质量问题有：工卡具拆除损伤母材。

原因：采用锤击等强力手段拆除。

整改措施与建议：①施工过程应针对不同钢材材质，应使用同材质工卡具并用色标区分；②工卡具在拆除时首先应使用火焰切割或磨光机等对焊道进行切薄（或直接去除），再用铁锤敲击；

③使用火焰切割或磨光机在磨除过程中不得损伤母材；④发现母材损伤应及时检测并修复。

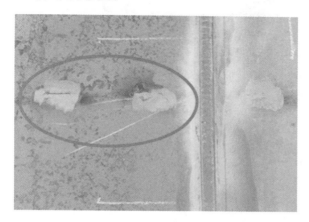

图 3-1-52

53. 图 3-1-53 管壁钻孔后存在什么质量问题？

存在的质量问题有：钻孔后孔内遗留毛刺。

原因：作业人员不自检，质量意识不强。

整改措施与建议：①量油管、导向管机械开孔后使用专用工具进行内外毛刺的清理；②对操作人员加强质量意识教育、培训。

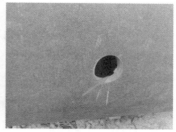

图 3-1-53

54. 图3-1-54转动浮梯安装存在什么质量问题？

图3-1-54

存在的质量问题有：浮梯中心线与轨道中心线发生偏移。

原因：浮梯整体直线度超标；测量定位误差过大。

整改措施与建议：①转动浮梯整体预制后要保证其总体几何尺寸满足设计要求；②在安装过程中对罐中心及顶平台中心进行标记，并用专用仪器进行复查；③轨道安装必须以顶平台中心为定位点；④转动浮梯在安装前后都需进行校核后再正式焊接。

55. 图3-1-55中的加热炉炉管安装存在什么质量问题？

存在的质量问题有：加热炉炉管的导向管和定位管一端间隙为零。

原因：施工作业人员质量意识不强，作业人员技能较差，技术质量要求认知不到位。

整改措施与建议：①炉管安装时，应保证导向管与定位管安装尺寸准确，以满足炉管升、降温后能自由伸缩；②重新调整炉管确保炉管升、降温能自由伸缩。

图 3-1-55

56. 图 3-1-56 中的加热炉烟道制作存在什么质量问题？

存在的质量问题有：烟道壁板间断焊间距不统一。

原因：施工作业人员质量意识不强，技术质量要求认知不到位。

整改措施与建议：按设计要求的间距在焊接之前进行号线，按号线位置进行焊接，确保间断焊美观统一。

图 3-1-56

57. 图3-1-57中的加热炉烟道内保温钉安装焊接存在什么质量问题？

存在的质量问题有：保温钉焊渣未清理就实施衬里作业。

原因：施工作业人员质量意识不强，技术质量要求认知不到位，检查验收与工序交接管理不到位。

整改措施与建议：焊缝焊接完成后及时清理飞溅焊渣等，并确认清理合格后交于衬里施工，加强自检力度。

图3-1-57

第四篇 安全知识

第一章 专业安全

1. 梯子使用有什么安全要求？

（1）梯子必须牢固，梯级间不得大于400mm，使用前应仔细检查；

（2）梯子应设置平稳，梯子与地面斜角以60°~70°为宜，在坚硬地面上梯子脚要采取防滑措施；

（3）在梯子上工作，不得登至梯子顶端，用靠梯时距顶端不得少于四步；

（4）梯子长度超过6m时，应在中间增设支撑加固；

（5）不要在梯子上随意放脚手板，如因工作需要，应采取安全措施；

（6）软梯必须绑扎牢固，不要将软梯搭在尖锐的棱角物上；

（7）禁止两人在同一梯子上作业，人在梯子上工作时，不准移动梯子。

2. 固定式砂轮机使用有什么安全要求？

（1）使用前应检查砂轮有无裂纹、螺丝松动或其他异常现象；

（2）砂轮机要有防护罩和操作台，操作台和砂轮之间距离不得少于3mm；

（3）使用砂轮机应站在砂轮侧面，不得两人同时用一片砂轮，使用时不得用力过猛，以免砂轮打坏造成事故；

(4)磨小零件时需用钳子夹牢，以防伤手；

(5)砂轮机要接地良好，以防漏电。

3. 电钻和电动手砂轮使用有什么要求？

(1)工作前要检查开关、导线的绝缘是否良好；

(2)钻头要卡紧，用力要均匀，工作物要固定牢靠以防旋转伤人；

(3)电钻、砂轮未停止转动时，不得拆换钻头、更换砂轮片和用手清理钻屑及转动部分；

(4)导线不应置于湿地或热的物体上并要防止重物及尖锐物损伤导线；

(5)电动手砂轮应有防护罩；

(6)发现外壳有漏电或其他故障时，应立即停止工作，修好后方能继续使用；

(7)停止工作后应立即切断电源。

4. 千斤顶使用有什么安全要求？

(1)新购置千斤顶必须有出厂合格证明和铭牌标记。使用前必须进行检查试用，看升降是否灵活，有无坏牙、漏油，确认良好后方可使用，严禁超载。

(2)使用液压千斤顶在没有压力表或安全设施不灵时禁用。

(3)使用液压千斤顶应进行10%超载试验。顶压时工作物件及千斤顶应放稳固，位置合适，为防止突然下降，应采取相应的加固措施。

5. 风动工具使用有什么安全要求？

(1)风动工具接风前应先把风管向空气中吹一下，然后再连接，接头牢固且不得漏风；

(2)使用时先注油，并空打数下，将工具外表擦干净再用；

（3）风动工具不用时，将风管总阀关闭。

6. 手拉葫芦使用有什么安全要求？

（1）严禁超载使用；

（2）严禁用人力以外的其他动力操作；

（3）在使用前须确认机件完好无损，传动部分及起重链条润滑良好，空转情况正常；

（4）起吊前检查上下吊钩是否挂牢，严禁重物吊在尖端等错误操作，起重链条应垂直悬挂，不得有错扭的链环，双行链的下吊钩架不得翻转；

（5）操作者应站在与手链轮同一平面内拽动手链条，使手链轮沿顺时针方向旋转，即可使重物上升，反向拽动手链条，重物即可缓缓下降；

（6）在起吊重物时，严禁人员在重物下做任何工作或行走，以免发生人身事故；

（7）在起吊过程中，无论重物上升或下降，拽动手链条时，用力应均匀和缓，不要用力过猛，以免手链条跳动或卡环；

（8）操作者如发现手拉力大于正常拉力时，应立即停止使用；

（9）使用完毕应将葫芦清理干净并涂上防锈油脂，存放在干燥地方；

（10）维护和检修应由较熟悉葫芦机构者进行，防止不懂本机性能原理者随意拆装；

（11）葫芦经过清洗维修，应进行空载试验，确认工作正常，制动可靠时，才能交付使用；

（12）制动器的摩擦表面必须保持干净，制动器部分应经常检查，防止制动失灵，发生中物自坠现象。

7. 吊篮使用有什么安全要求？

（1）吊篮应是国家许可生产制造厂家提供的合格产品，自制吊篮必须由承包商合格的技术人员设计，承包商项目总工程师批准，按照国家相关标准制作，并经过试验确认合格的产品。

（2）每次使用前必须检查吊篮，确保吊篮完好可靠。吊绳及安全绳处于安全状态。吊篮须每月一次定期检查，并在标识牌上标注，如实填写使用记录和检查记录。

（3）所有需要使用起重机进行的吊篮作业，必须至少有一名现场吊装指挥人员。

（4）吊篮内的作业人员必须配戴安全带，并将安全带系挂在单独设置的安全绳上。该安全绳必须直接系挂在吊车吊钩上。特殊原因无法设安全绳时，应系挂在作业部位可靠的支撑上，严禁挂在吊篮或钢丝绳上。

（5）任何时候都不允许超过吊篮上规定的最多允许人数。

（6）吊钩上的安全搭扣必须扣住安全绳及悬挂吊篮的钢丝绳或吊装带，以防止其脱离吊钩。

（7）吊篮底部应设置不少于2根溜绳控制其稳定，要一直有人控制溜绳。

（8）吊篮作业期间，起重机驾驶员必须始终在吊装指挥的视线范围内，驾驶员、吊装主管和吊篮内作业人员之间在整个作业过程中要始终保持联络。

（9）必须锁住吊绳上的卸扣和其上的销钉以防止松脱。吊篮的索具、卸扣等配套使用，不得随意更换。吊篮本身结构不得自行更改。索具不得弯折，保证14倍安全系数。

（10）悬挂吊篮的起重机吊索必须用动力控制载荷下降，不允许通过脱开制动机构使吊篮自由落下。

（11）吊篮内作业人员不允许直接离开吊篮进入其他高处位置。

（12）使用吊篮进行施工作业时，作业区域下方应设置警戒标志和围栏并设专人监护。吊篮升降必须有专人指挥，吊篮处于三级及以上高处作业时，应配有专门的通讯设备。

（13）使用吊篮载送人员时，作业人员必须携带的小型工具和物品应放在工具袋内防止其高处坠落。

（14）在吊篮内进行焊割作业时，对吊篮和吊绳应进行防火和绝缘保护。

（15）在5级及5级以上大风、大雾、雷电和暴风雨或任何可能危害吊篮作业人员的不利天气条件下，禁止使用吊篮。

（16）吊篮的提升或下降速度不能超过18m/min。

（17）利用吊篮进行电焊作业时，严禁用吊篮作电焊接线回路。吊篮内严禁放置氧气瓶、乙炔瓶等易燃易爆品。

8. 打锤作业有什么安全要求？

（1）锤头必须安装牢固，锤头及手柄无裂纹，手柄长度合适；

（2）打锤时工作物件应垫稳固，所有受锤打击的工具头部不准淬火，如出现飞刺时应及时去除，不准用手锤替代平锤；

（3）打锤人不准带手套，打锤前要看前后是否有人和障碍物，两人打锤要配合好，不得对面打锤；

（4）打锤人站的方向和位置要准确，距离适当，避免面对掌钳人；

（5）不要让锤柄搅拌衣袖。

9. 材料搬运、倒运有什么安全要求？

翻动和搬运材料时，应先用撬杠撬缝，垫好垫块后再用手搬运。搬运材料时应有专人指挥，行动要一致，平稳。放下时先在下面放置垫块，喊口令，一起放下，以免压手、砸脚。工作时带上手套。

10. 组对作业有什么安全要求?

（1）手不能放在对接口处、锤击处;

（2）不得强行组对，不要站在有危险的地方，及时清除作业现场杂物、工具，检查垫块、工具是否牢固;

（3）作业过程中集中注意力，各工种注意相互配合;

（4）吊装前检查吊具完好性，检查吊耳焊接质量。

11. 火焊切割作业有什么安全要求?

（1）火焊切割作业人员应持证上岗，并戴切割眼镜;

（2）配置灭火器，必须采取防火隔离措施（火星捕捉）。作业前清理周围可燃物，严禁在可燃物上直接进行切割作业，作业点下方的污水沟必须采取隔离措施，作业点下方的电缆沟、电缆槽盒必须采用防火布覆盖。

（3）氧气瓶与乙炔瓶间距不小于 5m，与明火距离不小于 10m，使用前先试漏，气瓶必须直立固定放置，乙炔瓶必须装阻火器，表具完好。气瓶应有防晒措施。

（4）任何气瓶严禁卧放在地上，严禁在地上滚动，防撞帽、防震圈必须齐全，经常检查确认。

12. 打磨作业有什么安全要求?

（1）打磨时戴好防护面具;

（2）使用前检查磨光机是否完好;

（3）使用前检查磨光片，破损的磨光片及时更换。

13. 电钻作业有什么安全要求?

（1）电钻使用的电源插座必须与电钻电源插头相匹配，引入电源;

（2）引入电源侧（配电箱）必须装有漏电保护器;

（3）使用电钻前，应先把工件固定牢固;

（4）电钻机体、电线及漏电保护装置必须完好，若有破损，应停止使用，并送仓库进行维修或更换；

（5）操作时，应按规范穿戴工作服、安全帽、防护眼镜等，避免穿戴宽松、散袖的衣服和手套，不得手拿蘸有冷却液的棉纱、碎布块对转动的钻头进行冷却，以防被转动部分绞连；

（6）电钻使用必须恰当，不得用力过猛，不得用电钻去做应由重型工具（如台钻等）做的工作，也不得做工具适用范围以外的工作；

（7）为防止意外启动，在提拿电钻时，不要将手指放在开关上，插入电源插头时，开关应处在"断开"的位置；

（8）不得在有易燃易爆气体、液体的地方使用；

（9）在狭窄的场所，如金属容器、管道内等使用电钻时，应有专人监护。

14. 试压作业有什么安全要求？

（1）应严格遵照技术文件规定的试压要求（介质、压力、停压时间等）进行试压，试压前应进行详细检查，确实具备升压条件时，方可进行试压；

（2）压力表应经过效验合格并在有效期内；

（3）压力表应垂直安装于容易观察的地方，安装两块压力表，最高点应有压力表；

（4）水压试验时，必须将空气排净，试验后水放净，冬季施工应采取防冻措施；

（5）试压用的临时盲板，厚度必须满足试压要求，法兰及盲板都要上齐，并应做明显标记，试压后要及时拆除；

（6）升压、降压要缓慢；

（7）发现有泄漏现象时，严禁带压处理漏点；

(8)在检查受压设备和管道法兰、盲板等处时，人不应站在法兰、盲板对面，以防崩出伤人。

15. 内件安装作业有什么安全要求？

(1)开出作业票，保证监护人，配置对讲机便于及时联系，落实受限空间内作业规定；

(2)采用低压安全电压、短路保护，电源线从高处管口进入并包裹进线管口及电源线；

(3)散件吊篮装运，外设吊装作业警戒区，设置警戒围栏；

(4)打开所有人孔，在分层作业区的顶部人孔分别安装轴流风机加强通风；

(5)把通道板临时安装到位，工具、小件入包携带；

(6)封闭通道前必须联合检查，封闭一层，检查一层。

16. 格栅板安装作业有什么安全要求？

(1)应根据生产任务安排，按施工顺序同一层面一次到货，确保施工作业的连续性。

(2)应预先落实相关安全防护措施，并为作业人员配备合适的劳动保护用品和设施。施工单位须指定专人监护，并在作业影响区域周边设警戒线，同时在作业区域入口设置警示牌。

(3)2m 以上的格栅/花纹板作业，作业时必须将安全带系挂在可靠位置(无法设置操作平台时设置大于 12mm 的生命绳)，在危险部位作业时必须系挂双钩安全带，并做到两点系挂，正确使用。

(4)原则上当天安排，当天完成，完不成的要稳妥封存。格栅/花纹板安装必须铺设一块固定一块，没有固定的格栅/花纹板严禁站人作业，也不得拆除临时防护措施。

（5）作业过程中作业人员应将小型工具放入工具袋内，禁止将小型工具及配件直接放在格栅上，防止坠物伤人。

（6）格栅/花纹板铺设前，作业人员必须在地面完成整理、分类等铺设准备工作，严格控制作业面的格栅/花纹板堆放高度，层高不得大于500mm。

（7）格栅/花纹板铺设不允许上下两层或多层同时进行交叉作业。

（8）移动格栅/花纹板时应有防护措施，以防止格栅/花纹板及作业人员坠落。

（9）格栅/花纹板材料应随进度随时运送，不得将大量材料堆放在未完工的平台上，临时使用的材料应妥善固定。

（10）作业过程中要随时进行场地清理，工具和切割下来的金属材料应存放在专用器具中，而不能堆放到正在安装或拆除过程中的格栅/花纹板开口附近，防止坠落造成物体打击及烫伤。

（11）在可能的情况下，安装/拆除一段格栅/花纹板之前，要在格栅/花纹板四周安装脚手架防护栏。不可行时，要考虑采取其他的控制措施，并设置警示标志。

（12）霜、雪、大风及下雨等恶劣天气，不得进行高处格栅/花纹板施工作业。

（13）在每一层或一个单元格栅/花纹板铺设过程中，应随时对产生的预留孔、洞、口进行临时封闭，如有必要下方应铺挂安全网。如采用盖板应固定，防止滑移。

（14）不允许将设备等大型构件和脚手架直接放置到格栅上，以防对格栅造成损伤，也不允许在格栅上系挂物件。

（15）在使用过程中，不允许对格栅随意拆除、改动，也不允许在格栅上进行气割作业，以防损坏格栅，留下安全隐患。

（16）对废弃的预留孔、洞、口必须按格栅/花纹板的制作规定予以永久封闭，经验收合格后方可交付使用。

17. 平台板铺设作业有什么安全要求？

（1）设置吊耳，选择合理的捆绑方式，散件入箱吊装。

（2）平台板在铺设移位时，需用绳索牵引，禁止直接搬运造成滑落。

（3）按规定定点摆放，堆放有序，摆放安全稳固，必要时设置警示标识，定期检查确认。

（4）平台板安装应由下而上逐层安装，当下层未安装完成时，不得进行上一层的安装。平台板安装一块必须固定一块，否则须在下方张挂安全网，没有固定的平台板严禁站人作业，也不允许拆除临时防护措施。

（5）对临边、洞口搭设双层防护栏杆进行防护，任何不能擅自拆除防护设施。

18. 使用大小锤时应注意哪些安全事项？

（1）打锤前应检查锤头安装得是否牢固，开裂、起毛刺的锤头不得使用；

（2）打大锤时必须注意周围人员及其他设备安全，四周要有足够的空间；

（3）起锤时，后方和正前方不得有人，严禁戴手套打锤；

（4）两人以上操作要配合一致，两人站立面一般为90°，不能相对而立，操作时应精神集中，不得抢打、乱打。

19. 撬棍使用时应注意哪些事项？

使用撬棍时撬棍的支点应靠近重物，支点下应利用坚硬稳固的物体垫实，并应有一定的底面积，防止支点滑脱。操作时先将一端撬起，垫上枕木，再撬起另一端，如此反复进行，依次逐渐把重物举高，将重物落下也是用上述方法，两边高差不得过大，防止重物倾倒。

20. 在现场人力搬运材料、物件时应注意哪些事项？

两人以上杠抬材料、物件时，必须协调一致，统一口令。例如两人抬道木等必须同肩同步，同起同落。

21. 用气安全应注意哪几个方面？

（1）氧气、乙炔等燃气集中堆放应设置库房，设置警火标志，配备灭火器并有专人看管；

（2）气瓶应配有防震圈、瓶帽，氧气瓶、乙炔瓶使用时须有完好的减压阀、压力表；

（3）使用气瓶时，不得靠近火源，两瓶之间不得小于 5m，与明火间距不得小于 10m；

（4）氧气、乙炔瓶严禁倒置，乙炔气瓶应竖立摆放，使用时固定牢靠，有防倾倒措施；

（5）乙炔瓶使用时须有阻火器，所有气带连接处采用专用卡子紧固，气带不得有破损、老化现象；

（6）严禁氧气、乙炔气瓶混放，并有防晒措施。

22. 进受限空间作业有哪些安全要求？

（1）作业前应办理相应的票证；

（2）动火作业时，不能进行刷漆、喷漆作业；

（3）进入受限空间内部作业时，应按相关要求进行气体检测，测试合格后方可入内，照明应使用安全电压；

（4）严禁将气瓶、焊机、电箱等带入受限空间内；

（5）配备灭火器，设专人监护；

（6）进入受限空间人员应配备合格的个人防护用品，如防尘口罩、眼镜、耳塞等；

（7）工作结束，检查、清理可燃物，将气带拉出受限空间如船舱外，关闭阀门，切断气源，严禁将未切断气源的胶管连同器具放置在受限空间内；

(8)进罐气带、电缆、把线等必须做好隔离措施。

23. 吊装作业有哪些应对措施？

(1)穿戴好个人防护用品；

(2)吊装前对起重绳索、卸扣、立钩、平钩等机具进行检查确认，超载使用过的钢丝绳或钢丝绳外观严重变形、绳芯挤出、断丝等不应继续使用；

(3)吊装作业时必须明确专人指挥，指挥人员应佩戴明显的标志；

(4)按规定设置警戒区，拉设警戒绳，设专人监护；

(5)起吊物体必须拉设溜绳等；

(6)吊物下方和吊物上方严禁站人或逗留；

(7)吊车站位时，应视地面情况采用钢板、枕木等做垫板，支腿必须垫牢、垫实；

(8)散板、收板作业时，起吊前作业人员挂好绳索，不应站在两堆钢板中间处，应立即撤离至安全地点，避免站在死角；

(9)钢板挪移等支垫小方木时，不得把手直接伸进钢板内操作。

24. 车辆运输应注意哪些安全事项？

(1)板材运输按要求必须封车牢固，出车前对封车情况进行检查确认；

(2)运输途中不得超速超载。

25. 板材切割作业应注意哪几点？

(1)应对作业现场的可燃物进行清理；

(2)作业前检查所用的切割工具、器具的完好状况；

(3)切割时工件应用非可燃物垫离地面；

(4)三气使用前检查气带、表、接头是否完好，作业时须有安全距离，切割时割把不要对着人和设备，三气瓶有防晒措施；

（5）切割使用的气带、电源线应从通道处铺设，禁止在板材上随意来回拉挪；

（6）动火区域配备消防器材；

（7）下班前要确认动火部位无火种遗留；

（8）注意四周环境，避免下料切割时造成人员手脚伤害，有起重配合时，要密切与起重沟通好之间的协调；

（9）配备好个人防护用品。

26. 滚板作业安全措施有哪些？

（1）卷板时应严格遵守设备安全操作规程，由机长持证操作；

（2）滚板过程中，作业人员必须站在钢板两侧，严禁站在钢板端头；

（3）用样板检查圆度时须停机后进行，严禁站在圆筒上操作；

（4）与其他作业人员配合时精神集中，相互照应，避免机械伤害；

（5）滚板、立板测量翻转时应事先放好道木垫物，操作人员应站在钢板倾斜方向的对面，严禁面对倾斜方向站立；

（6）根据壁板厚度，选择合适的立钩，在使用过程中要经常性检查，确保立钩使用完好；

（7）滚板、立板区域场地狭小，吊板时要有专业起重指挥，吊物稳定，设好溜绳，防止与其他相邻设备碰撞。

27. 打磨作业应做好哪些防护措施？

（1）打磨人员必须佩戴好口罩、防护眼镜或面具等个人防护用品；

（2）调整护罩或更换砂轮片时要切断电源，应使用合适的工具更换砂轮片；

（3）打磨作业时砂轮片旋转方向不准对着人体，注意火星飞溅方向，飞溅方向禁止站人；

（4）检查磨光机、电源线是否有漏电现象，运转是否正常；

（5）停止作业时，应切断电源，收好工具。

28. 储罐制作安装罐底板铺设、组对、压缝有哪些安全要求？

（1）罐底板铺设应选用长短合适的钢丝绳，符合吊板要求；

（2）用叉车压缝配合电焊施工佩戴好防护眼镜，防止电弧光打眼；

（3）叉车压缝时有专人指挥，注意前后左右其他人员防止叉车挤压；

（4）罐底板摆放，两板相叠时要注意两板之间有空隙防止压手；

（5）集中注意力，配备好个人防护用品。

29. 储罐制作安装围板作业时应做好哪些安全措施？

（1）壁板吊装临时焊接吊耳必须牢固；

（2）合理选择吊索具，吊装前经检查确认，吊装要有专人指挥，旗语明确；

（3）作业区域拉设警戒线；

（4）壁板两头设置 2 根溜绳；

（5）壁板吊装过程中，严禁在空中停留，严禁碰撞脚手架；

（6）当罐围板时周围有其他作业时，必须做好"错时、错位、硬隔离"安全措施；

（7）用 25t 汽车吊围板时，支一次车只能吊装 2 张（吊装作业半径不能超过 6.5m），并要有足够的支车空间；

（8）壁板组对应牢固固定后，方可撤钩。

30. 储罐制作安装环缝、立缝组对应注意哪些安全事项?

(1)立缝组对打锤时严禁带手套和两人面对面打锤,打锤点半径不得站人;

(2)系挂好安全带,立缝组对时使用的挂梯必须牢固、扎实,严禁两人在同一梯子上作业;

(3)组对卡具和加固等临时焊接必须焊接牢固,配合电焊施工时应佩戴好防护眼镜,防止打眼;

(4)组对、拆除使用的工卡具必须设置多个工具桶作为圆销、方销及容易掉下的物件归置处。

31. 储罐制作安装从罐外向罐内或从罐内向罐外吊物要注意哪几点?

(1)散件吊装一律要用卡环锁死,严禁兜底吊装;

(2)小物件、气瓶必须放置于工具箱内方可吊装;

(3)罐内、外吊装必须有专业起重工指挥操作,配备对讲机联络信号。

32. 储罐转动扶梯、量油管、导向管、加强圈、抗风圈安装应采取哪些防范措施?

(1)抗风圈、量油管、导向管等安装过程,周边平台尚未安装栏杆时,必须及时系挂好安全带;

(2)加强圈、抗风圈等吊装时,两头应设置溜尾绳;

(3)吊物下方严禁站人、严禁有人作业;

(4)加强圈、抗风圈存放点临时挡板应焊接牢固;

(5)转动扶梯尚未安装劳动保护栏杆时,严禁人员上下行走;

(6)抗风圈组对后未安装盘梯前,抗风圈洞口应用钢跳板铺盖；

（7）吊装使用的临时吊耳必须焊接牢固、焊肉饱满；

（8）作业人员不得坐在抗风圈边缘休息；

（9）组对加强圈、抗风圈等工件时，应及时固定，加强圈挂钩和抗风圈三角支架应焊牢固，暂不能固定应及时采取有效的安全措施；

（10）组对加强圈、抗风圈等工件进行立体交叉作业时，不得在同一垂直方向上操作，如时间位置不能满足施工要求，必须采取硬隔离措施，方可施工；

（11）加强圈、抗风圈及劳动保护安装时，每个动火点（焊接、切割）下作业层用防火布隔离，做好防火星飞溅措施；

（12）量油管、导向管吊装时，钢丝绳要牢固可靠且采取防滑措施。

33. 储罐制作安装单盘板铺设、胎具搭设应做好哪些安全措施？

（1）胎具与壁板连接处应焊接牢固；

（2）吊板存放点要进行加固；

（3）胎具搭设完后经联合检查、确认；

（4）胎具上方单盘板临时存放点不能一次堆放过多，要分散分堆放，下方必须拉设警戒线，防止有人作业或停留；

（5）人员在拖板过程中设专人负责指挥，集中注意力，防止人员滑倒或掉落地面；

（6）在拖把过程中要随时观察胎具情况，发现不对要及时做适当调整和处理。

34. 储罐制作安装插浮顶立柱时要注意哪些事项？

（1）单盘上下必须有专人负责指挥、监护；

（2）插立柱时必须由 2 人以上操作，配合默契；

（3）插立柱过程中严禁在插孔下方站人或逗留。

35. 现场材料、设备堆放有哪些管理要求？

（1）现场应设立设备集中堆放区域，设置标识牌；

（2）现场的工装应及时收集、集中、分类、整洁堆放，设置标识牌；

（3）脚手架钢管和跳板及其他材料应集中、分类、整洁地堆放，设置标识牌、拉设警戒线；

（4）原材料、成品半成品应分类统一堆放，严禁散乱堆放，超高堆放，设置标识牌、拉设警戒线。

36. 储罐制作安装脚手架上作业有哪些安全要求？

（1）作业人员在使用过程中，严禁对脚手架进行切割或施焊，如因施工需要，部分拆卸或调整脚手架时，必须由专业架子工进行拆改、修整，不得私自拆改脚手架；

（2）脚手架上少量的临时存放工件，应放置稳妥、绑扎牢固，并有防坠落措施；

（3）作业所用的工具、零散件等必须装入工具袋，不得上下投掷材料或工具等物，施工完毕应及时将工具收集，废旧材料杂物应及时清除；

（4）不得上下垂直进行交叉作业，无法避免交叉作业时，中间必须设隔离设施；

（5）脚手架作业层工卡具如方销、圆销、小方块、挡板等应放置工具桶中，并放置平稳牢靠，背杠、E 型板、卡码应分堆、整齐、牢固放置；

（6）架子工提前放置钢管和钢跳板时严禁立靠在罐周围，防止钢管倒下伤人。

第二章　通用安全

1. 个人劳动保护穿戴有什么要求？

(1)进入施工现场，所有人员一律执行个人劳动防护用品(PPE)穿戴的有关规定，穿戴好 PPE。不穿戴 PPE 严禁进入现场，未配戴正确的 PPE 严禁进行作业。

(2)现场基本 PPE 要求：安全帽＋帽带；棉制长袖工作服；安全鞋。

(3)工作服袖子应放下，不得敞怀。

(4)戴好安全帽的同时必须扣好帽带，帽内衬上紧。

(5)女同志头发不得过肩，长发辫要装入安全帽。

(6)嘈杂环境中必须配备的 PPE：耳罩或耳塞。

(7)焊接作业必须配备的 PPE：焊工手套；焊工面罩。

(8)高处作业必须配备的 PPE：全身式安全带并且带缓冲器的双大钩。

(9)切割、打磨必须配备的 PPE：面罩；耳塞/耳罩。

(10)粉尘环境必须配备的 PPE：口罩；面具。

2. 高空作业有什么安全要求？

(1)高空作业应根据情况设置合适的脚手架、吊架、跳板等作业平台，工作前应认真检查安全设施情况；

(2)高空作业应佩戴好安全带，安全带应定期检查，每年进

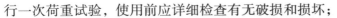

行一次荷重试验，使用前应详细检查有无破损和损坏；

（3）酒后及年老体弱、疲劳过度、高血压、心脏病、癫痫、严重近视或患有其他病症不适合高空作业者，不得登高作业；

（4）不得在脚手架栏杆上或未焊牢固的金属结构上工作；

（5）高空作业点如有冰、雪，必须打扫干净，并采取防滑措施；

（6）遇有六级以上大风、暴雨、大雾等天气，不应进行高空作业；

（7）夜间高空作业必须有足够的照明；

（8）高空作业使用工具，必须放在工具袋内，不得随意乱放；工具、材料不应上下投掷，应用绳索吊运。

3. 安全带系挂有什么安全要求？

（1）应高挂低用，安全带应挂在人的垂直上方，尽量避免低于腰部水平的系挂方案；

（2）多人作业时，人和系挂处要保持一定的水平距离，以免相互碰撞；

（3）安全带应系挂在牢固的构建上，不得系挂在有尖锐棱角的构建上。

4. 受限空间作业有什么安全要求？

（1）出入口处有监护人员，并且要有有效沟通；

（2）人员进出要在出入口登记；

（3）所有进入人员都接受了受限空间培训，并持证上岗；

（4）备有紧急救援设备和人员；

（5）气体检测/监测，确保没有其他隐患（气体、化学物质等）进入受限空间；

（6）使用正确的个人防护用品；

（7）有充足的（低压）照明，正确的通风措施；

（8）有安全通道进入受限空间，出入口有正确的安全标志；

（9）无人照管的受限空间在入口设有阻拦设施；

（10）具有有效工作许可证。

5. 交叉作业有什么安全要求？

（1）组织对交叉作业人员进行安全教育，严格遵守安全生产纪律，执行安全操作规程；

（2）在交叉作业影响区域周围设置醒目的警示标志，落实隔离措施，安排监护人；

（3）在进行交叉作业前需清理作业现场的杂物和废料，采取有效的隔离措施；

（4）作业人员进行上下立体交叉作业时严禁在上下贯通同一垂直面上作业，如立体交叉作业不可避免时，必须采取有效的安全防护硬隔离措施后进行施工；

（5）焊接点下方必须设有防火毯或接火盆；

（6）作业人员随身携带的作业工具必须装入到工具袋内，所用的工具、零散材料不能堆放到钢梁、脚手架跳板及其他高空作业平台上；

（7）对存在重大事故隐患的交叉作业，必须立即停止，待隐患整改后方可复工；

（8）交叉作业发生险情或意外，实施交叉作业的任何方均立即停止作业，启动应急预案。

6. 文明施工有什么安全要求？

（1）工作完毕必须清理场地，并将工具和零件整齐地摆放在指定的位置上，做到"工完料尽场地清"；

（2）配电箱周围不准堆放各种易燃、易爆、潮湿和其他影响操作的物件；

（3）保持消防设施和灭火器材的完好；

（4）焊接完成后，焊工应及时回收焊条头，地上、筒体内不应有焊条头，并及时清理地面焊渣；

（5）当天施工所用的火、电焊把线应及时回收，合理摆放，做到整齐美观；

（6）严禁施工过程中边吸烟边作业，吸烟人员可在指定区域吸烟，并将烟蒂放到烟草回收箱中；

（7）生活垃圾、工业垃圾按规定倾倒在指定地点。

7. 夏季施工防暑降温措施有什么安全要求？

（1）根据气温及时调整作息时间，设置凉棚、引水点，在特殊高温作业点，采取相应防暑和降温措施，确保人身安全；

（2）夏季气瓶应在阴凉处，严禁受烈日曝晒，并不得卧置在晒热的地面上；

（3）高温季节尽量不安排在容器内进行工作；如因进度需要，则必须安排在早晨或夜晚凉爽时，并设专人在外监护，定时轮换工作；

（4）项目设专人负责施工现场引用水的供应，确保清洁合格卫生；

（5）配备医务人员及必须的防暑降温药品，加强食堂宿舍及办公区域的检查，定期消毒防止传染病的发生。

8. 大风、汛期和雨季施工措施有什么安全要求？

（1）针对项目施工区域春秋两季季节风较大，编制有针对性的应急预案和演练计划，并进行演习、评价以检查防汛应急预案的有效性；

（2）现场备齐各类排水泵、潜水泵等防汛专用物资，以备暴

雨来临时抽水、排水之需;

(3)大风和汛期来临之前,现场大型机械、照明灯塔等避雷检测工作已完成;

(4)大型起重式机械工作时,当风速达5级以上时,停止高处吊装作业,风力达到6级时,停止一切吊装作业,并停好、锁定各类起重机,确保起重机和人身安全;

(5)遇有雷雨等恶劣气候,使起重指挥人员听不见或看不清工作地点,操作人员看不清指挥信号时,不得进行起吊作业;

(6)大风来临之前,要对施工现场的施工机械进行一次检查,落实各项防风措施,对设备、材料堆放场的防雨措施、临建设施补增抗风、固定措施;

(7)当风力6级以上时,要做好各类吊车防护措施,大型履带吊伸臂扑到地面上。龙门吊用缆风绳带好,夹好卡轨器,所有操纵杆放在空挡位置。

9. 冬季施工有什么安全要求?

(1)对作业人员进行冬季施工安全教育和操作规程的教育,对变换工种及临时参加生产劳动的人员,进行安全教育和安全交底;

(2)采用新设备、新机具、新工艺时应对操作人员进行机械性能、操作方法等安全技术交底;

(3)进行冬季三防内容的安全教育以及事件发生的医疗、抢救、紧急处理的教育;

(4)物资的准备:外加剂、保温材料;测温表计及工器具、劳保用品;燃料及防冻油料;电热物资等。

10. 临时用电有什么安全要求?

(1)所有用电设备经检查合格后方可进场;

（2）只有经过培训，具有相关资质人员才能从事电气工作；

（3）不得带电作业；

（4）电缆敷设时需架空或埋地，并做好标识；

（5）严格遵守挂牌、上锁程序；

（6）使用前确认工具已经过检查；

（7）正确安全地使用工具；

（8）保护工具的电源线和插头；

（9）不使用时必须断开电源；

（10）妥善保管和储存电动工具；

（11）定期检查和维护电动工具。

参 考 文 献

[1]GB 50461—2008　石油化工静设备安装施工质量验收规范[S].

[2]GB 50205—2001　钢结构工程施工质量验收规范[S].

[3]GB 50211—2014　工业炉砌筑工程施工及验收规范[S].

[4]GB 51029—2014　火炬工程施工及验收规范[S].

[5]GB 50128—2014　立式圆筒形钢制焊接储罐施工规范[S].

[6]GB 50094—2010　球形储罐施工规范[S].

[7]SH/T 3532—2005　石油化工换热设备施工及验收规范[S].

[8]SH/T 3601—2009　催化裂化装置反应再生系统设备施工技术规程[S].

[9]SH/T 3507—2011　石油化工钢结构工程施工及验收规范[S].

[10]SH/T 3542—2007　石油化工静设备安装工程施工技术规程[S].

[11]SH/T 3506—2007　管式炉安装工程施工及验收规范[S].

[12]CECS 267—2009　橡胶膜密封储气柜工程施工质量验收规程[S].

[13]初志会，金鹤，等. 换热器技术问答[M]. 北京：化学工业出版
社，2008.

[14]祝孝思，王学军，孟剑. 火炬维护检修规程[M]. 北京：中国石化出版
社，2004.

[15]姜凤有. 工业除尘设备–设计、制作、安装与管理[M]. 北京：冶金工
业出版社，2006.

[16]胡忆沩，黄建虾，杨杰，陆海东. 实用铆工手册(第2版)[M]. 北京：
化学工业出版社，2012.